Introduzione ai metodi statistici per il credit scoring

Elena Stanghellini

Introduzione ai metodi statistici per il credit scoring

 Springer

ELENA STANGHELLINI
Dipartimento di Economia Finanza e Statistica
Università di Perugia

ISBN 978-88-470-1080-2   ISBN 978-88-470-1081-9 (eBook)
DOI 10.1007/978-88-470-1081-9

Layout copertina: Francesca Tonon

Impaginazione: PTP-Berlin, Protago T$_{\!E}$X-Production GmbH, Germany (www.ptp-berlin.eu)
Stampa: Signum, bollate (MI)

Springer-Verlag Italia S.r.l., Via Decembrio 28, I-20137 Milano
Springer-Verlag fa parte di Springer Science+Business Media (www.springer.com)

Prefazione

C'è una crescente richiesta, da parte delle istituzioni che operano nel mercato finanziario, di figure con una conoscenza approfondita delle tecniche statistiche per la misurazione *ex ante* del rischio di credito. La recente crisi economica, originata da un numero inatteso di insolvenze nei mutui ipotecari del mercato immobiliare americano, chiarisce più di molte parole l'importanza che tali competenze rivestono all'interno non solo degli intermediari bancari e finanziari, ma anche degli organismi di vigilanza. A fronte di questa esigenza, tuttavia, vi è una carenza di libri interamente dedicati all'argomento.

Questa monografia costituisce una introduzione ai metodi statistici per la misurazione del rischio di credito, noti come *credit scoring*. L'obiettivo è quello di presentare l'argomento in un modo che sia accessibile a coloro che possiedono conoscenze statistiche di base, assieme ad alcune nozioni del contesto bancario in cui questi strumenti sono applicati.

L'interesse per il credit scoring risale alla mia partecipazione ad un progetto di ricerca di statistica avanzata presso il *Department of Statistics* della *Open University*. L'interazione con colleghi di grande spessore, fra cui David J. Hand, mi ha arricchito moltissimo. La passione per l'argomento è continuata e la conoscenza si è approfondita, grazie non solo alla attività di ricerca, ma anche all'insegnamento delle tecniche di credit scoring in vari corsi di master e di laurea specialistica. Come spesso accade, anche questo libro è la naturale evoluzione delle note da me predisposte per gli studenti.

Desidero esprimere la mia gratitudine ai colleghi Franco Moriconi, che per primo mi ha invitato a trasformare le dispense in un libro, Anna Clara Monti, che ha mostrato entusiasmo per il progetto al punto da spingermi a realizzarlo e Giovanni M. Marchetti, che ha contribuito ad arricchire il lavoro con commenti ed osservazioni. Ringrazio inoltre i revisori per i suggerimenti che hanno portato ad un notevole miglioramento del testo e Chiara Castellano e Francesco Stingo per la correzione di parte degli esercizi presentati. Un sentito ringraziamento a Gepafin S.P.A. e Findomestic S.P.A. che mi hanno gentilmente concesso di pubblicare i risultati di analisi su dati di loro proprietà.

Un pensiero particolare va agli studenti dei corsi passati, che in modo spesso inconsapevole hanno contribuito a rendere più organica, nel tempo, la presentazione degli argomenti. A loro vanno anche le mie tardive scuse per averli usati come "cavie" e la mia gratitudine per l'atteggiamento costruttivo spesso dimostrato. Agli studenti dei corsi futuri rivolgo l'invito a mantenere la curiosità e lo spirito di collaborazione dei colleghi che li hanno preceduti.

Desidero infine ringraziare tutti coloro che hanno contribuito a rendere piacevole questa esperienza, con consigli di varia natura. Penso innanzi tutto alla mia grande famiglia, a mia mamma e a mio zio Natale. Un profondo riconoscimento infine a Fabio, per tutte le volte che avrebbe voluto gettare via i numerosi libri e articoli sul credit scoring sparsi dentro casa e non lo ha fatto.

Perugia, maggio 2009   *Elena Stanghellini*

Indice

1

Il credit scoring

1.1 Introduzione

Nel momento in cui riceve una richiesta di finanziamento, la banca o l'intermediario finanziario deve valutare il rischio che il soggetto che richiede il credito non sia in grado di fare fronte agli impegni contrattuali. Sempre più spesso nei moderni intermediari finanziari, per formulare il proprio giudizio, l'analista del credito si avvale di tecniche quantitative, basate sull'elaborazione automatica di informazioni standardizzate. L'oggetto di questo libro è l'insieme delle tecniche statistiche, note come *credit scoring*, che permettono di giungere ad una misura quantitativa del rischio connesso ad una operazione di finanziamento.

Il credit scoring è nato nel contesto del credito al consumo. In passato, la decisione di concedere un finanziamento si basava su valutazioni di carattere soggettivo, che scaturivano da un legame personale fra il richiedente e l'analista del credito dell'ente erogatore, tipicamente la banca con cui egli trattava. Negli anni recenti, l'elevato volume di richieste e la varietà dei prodotti finanziari offerti hanno comportato una sempre maggiore spersonalizzazione del rapporto fra le due controparti. Contemporaneamente, la crescente competizione nel mercato ha fatto sì che un ritardo nella decisione di concedere un finanziamento comporti una selezione avversa della clientela, dal momento che un cliente, se meritevole, può ottenere il finanziamento da un ente concorrente, maggiormente tempestivo.

Sono questi, in essenza, gli elementi che hanno portato alla gestione automatizzata delle informazioni relative al potenziale cliente ed alla elaborazione di un punteggio, detto *score*, che ne rifletta l'affidabilità creditizia. Il primo modello di scoring è stato sviluppato in America agli inizi degli

Stanghellini E.: Introduzione ai metodi statistici per il credit scoring.
© Springer-Verlag Italia 2009, Milano

anni '40 (Durand, 1941), ma è a partire dagli anni '50 che gli strumenti cominciano a diffondersi e si costituiscono società di consulenza, come la Fair Isaac Institute di San Francisco, che costruiscono sistemi di scoring per banche e altre società finanziarie. I primi studi, condotti in quegli anni di coesistenza fra i due sistemi di erogazione del credito, mostrarono come gli strumenti di scoring migliorano la capacità di discriminare fra clienti meritevoli e non meritevoli, portando ad una riduzione delle perdite senza sostanziali diminuzioni del volume delle transazioni che vanno a buon fine (si veda Myers e Forgy, 1963).

Il ricorso a procedure automatiche nella decisione di concessione del credito trova motivazioni anche nella sempre più rigorosa legislazione in materia, il cui scopo è quello di prevenire comportamenti discriminatori. Il primo regolamento è stato l' Equal Credit Opportunity Act, approvato dal Congresso degli Stati Uniti nel 1974, con successivi emendamenti nel 1976, il quale, a tutela di minoranze e soggetti deboli dell'economia, proibiva l'uso di alcune informazioni, quali il genere e l'etnia, nella formalizzazione del processo decisionale. Questo primo atto ha indotto altri organismi di vigilanza nazionali e sovranazionali ad emanare una serie di regolamenti che richiamano alla oggettività nella decisione di concessione del credito ed alla coerenza fra la valutazione sul merito e la rischiosità della operazione di finanziamento. Le direttive sono state recepite dagli istituti di credito come un invito ad adottare sistemi informatici di gestione delle richieste di finanziamento che, attraverso l'elaborazione automatica dei dati, forniscono un criterio coerente, ripetibile e, soprattutto, oggettivo di concessione del credito.

Dall'accuratezza della valutazione del rischio di credito dipende non solo la stabilità della banca, ma anche la garanzia che il capitale sia impiegato in maniera efficiente e, di conseguenza, la vitalità dell'intero sistema economico. È in questa ottica che il Comitato di Basilea, composto dai governatori delle Banche Centrali dei maggiori paesi industrializzati, ha emanato il Secondo accordo sul Capitale, noto anche come Basilea 2. L'accordo, entrato in vigore alla fine del 2006, definisce, fra l'altro, i criteri per la determinazione del patrimonio di vigilanza delle banche e degli intermediari finanziari, ovvero il capitale da porre a copertura dei rischi che scaturiscono dal loro normale funzionamento.

A differenza di quanto prevedeva l'accordo precedente, che legava il capitale di vigilanza a parametri rigidi esogenamente determinati, con Basilea 2 i requisiti patrimoniali vengono ancorati alla effettiva rischiosità del portafoglio della singola banca. Oltre che a perseguire il miglioramento della qualità dei crediti, l'accordo incentiva le banche a costruire uno strumento di valutazione della probabilità di insolvenza (in inglese *default*) al proprio interno, affinché la determinazione del capitale da accantonare sia direttamente proporzionale al rischio di credito realmente sopportato dall'intermediario finanziario. Dal momento che le aziende di piccole e medie dimensioni possono essere assimilate a singoli individui, gli strumenti statistici tipici del credit scoring vengono utilizzati anche per misurare la rischiosità di questa tipologia di finanziamenti. L'adozione delle tecniche di scoring per la quantificazione del capitale di vigilanza può risultare in taluni casi vantaggiosa, consentendo di abbassare i requisiti patrimoniali (si veda ad esempio Altman e Sabato, 2005).

La diffusione dei modelli di scoring da parte del sistema bancario italiano sembra essere abbastanza elevata. Secondo una recente indagine (Albareto et al., 2008), alla fine del 2006 circa il 57% degli intermediari impiegava tecniche di scoring per la valutazione del merito di credito alle imprese. Tuttavia, il fenomeno sembra interessare principalmente le banche di dimensioni medio-grandi (97% circa) e risulta molto ridotto per le banche di credito cooperativo (40% circa).

Le tecniche di scoring permettono di giungere ad una misura quantitativa della rischiosità di una operazione. È possibile pertanto effettuare una segmentazione della clientela in classi omogenee rispetto al rischio che consenta anche, di riflesso, una valutazione del prezzo da attribuire alla singola transazione. Inoltre, le caratteristiche di coerenza, velocità e accuratezza hanno reso le tecniche di scoring indispensabili anche nell'ambito della gestione dei crediti, come supporto a decisioni relative, ad esempio, alla modifica di linee di credito esistenti, alla vendita di nuovi prodotti e alle strategie di riduzione delle perdite, una volta che si è verificata l'insolvenza. Più in generale, esse fanno parte integrante degli strumenti gestionali, e vengono applicate con obiettivi diversi da quelli originari di valutazione del rischio nel credito al consumo.

Questo libro tratta in dettaglio due metodi statistici, il modello logistico e l'analisi discriminante, che rivestono un ruolo centrale nel credit scoring, sia perché costituistiscono la base di tecniche statistiche più avanzate, sia perché sono i modelli di riferimento di molte analisi. Dopo una introduzione al credit scoring, contenuta nel primo capitolo, in cui si presentano in maniera formale gli obiettivi e si definiscono le grandezze che saranno oggetto di studio, si richiamano, nel secondo capitolo, le nozioni di probabilità necessarie alla comprensione dei metodi presentati nei capitoli successivi. Il terzo capitolo introduce il modello di regressione logistica, mettendone in luce sia gli aspetti interpretativi che i problemi di natura applicativa legati al contesto in studio. Il quarto capitolo tratta dell'analisi discriminante e del suo utilizzo nel credit scoring. Oltre al modello logistico e alla analisi discriminante, altre tecniche statistiche più avanzate sono correntemente implementate nel processo di erogazione e gestione del credito. Queste sono introdotte nel capitolo quinto.

La scelta fatta, di presentare in dettaglio due modelli e illustrare sinteticamente gli altri, è motivata dalla considerazione che la conoscenza approfondita del modello logistico e dell'analisi discriminante permette di comprendere agevolmente anche le altre tecniche; inoltre, i due strumenti costituiscono sempre il termine di paragone dei risultati ottenuti con altri metodi statistici più avanzati.

1.2 Lo scoring nel credito al consumo

Nell'ambito della gestione del credito al consumo, tecniche di *scoring* sono tipicamente impiegate ogni volta si debba prevedere il rischio di insolvenza associato ad una operazione. Se l'operazione riguarda la concessione del credito ad un cliente, allora si parla di scoring di accettazione, in inglese *application scoring*. Se, invece, l'operazione riguarda la gestione di un cliente già affidato, allora si parla di scoring comportamentale, in inglese *behavioural scoring*. Il primo termine deriva dal fatto che le informazioni da elaborare derivano, in larga parte, dal modulo di richiesta, detto in inglese *application form*. Il secondo termine, invece, deriva dal fatto che le informazioni da elaborare sono in gran parte relative al comportamento, in inglese *behaviour*, del cliente, ovvero alla sua storia creditizia.

I modelli che presentiamo in questo lavoro nascono tipicamente nel contesto dello scoring di accettazione. In questo contesto si vuole prevedere se un potenziale cliente sia solvibile, sulla base delle informazioni in possesso al momento della richiesta del finanziamento. Di conseguenza, la variabile che definisce l'evento che vogliamo prevedere è binaria e le tecniche che si utilizzano hanno tutte la caratteristica di suddividere la potenziale clientela in due insiemi: i "buoni" ed i "cattivi" pagatori.

La previsione di un evento binario può scaturire anche nel contesto dello scoring comportamentale, in cui l'evento che definisce la variabile di previsione è una misura binaria di ottimalità del cliente. Tuttavia, in questo ambito, la previsione può anche riguardare variabili di risposta che assumono più di due valori, e possono essere sia quantitative che qualitative. Di conseguenza, i modelli utilizzati sono vari e talvolta hanno una natura diversa. Inoltre, nel contesto dello scoring comportamentale si fanno sempre più strada tecniche per definire il profilo del cliente ottimale, sulla base di più variabili di risposta considerate congiuntamente.

Come già osservato, le tecniche di scoring sono utilizzate anche per valutare la probabilità di insolvenza di piccole o medie imprese. Questa quantificazione si è resa necessaria in conseguenza delle disposizioni del Secondo accordo sul capitale di Basilea, che rendono obbligatoria, ai fini della determinazione del capitale minimo di vigilanza, la ponderazione delle posizioni di rischio con una misura della probabilità di insolvenza.

1.3 Obiettivi del credit scoring

In una prima approssimazione, possiamo dire che lo scoring di accettazione è l'insieme di tecniche utilizzate per prendere una decisione binaria: concedere o non concedere un finanziamento. Ogni potenziale cliente appartiene ad una classe (quella dei solvibili o quella dei non solvibili, detti anche *good* o *bad* risks, oppure buoni o cattivi) che è sconosciuta al momento della concessione del finanziamento. Per una porzione di unità, detta campione, l'informazione relativa alla classe è nota. Queste unità sono quelle per le quali la storia creditizia è stata osservata fino alla chiusura del finanziamento o fino all'intervallo temporale entro il quale vi è interesse ad effettuare la classificazione. L'obiettivo del credit scoring è quello di utilizzare le informazioni del campione per costruire una regola che consenta di assegnare la prossima unità in ingresso alla sua classe appartenenza.

Esempio 1.1 *In Figura 1.1 è riportato un diagramma di dispersione di un campione di 49 aziende alle quali è stato concesso un finanziamento. In ascissa è riportato l'indicatore di bilancio relativo il rapporto tra ricavi netti e capitale investito netto (variabile RI.AT) mentre in ordinata è riportato il rapporto fra flusso di cassa e passività correnti (variabile FCR.PTP). Per ogni azienda è nota la storia creditizia, ovvero se è stata solvibile (cerchio pieno) o non solvibile (cerchio vuoto). L'obiettivo è quello di suddividere il quadrante in due parti attraverso una funzione delle due variabili, in modo tale che la percentuale più elevata di aziende solvibili sia in una delle due aree delimitate dalla funzione e che la percentuale più elevata di aziende non solvibili sia nell'altra. Le informazioni relative alla prossima azienda verranno utilizzate per valutare a quale delle due aree appartenga, e decidere della sua capacità di fare fronte agli impegni finanziari. L'analisi dettagliata di questo campione è riportata nel capitolo quarto.*

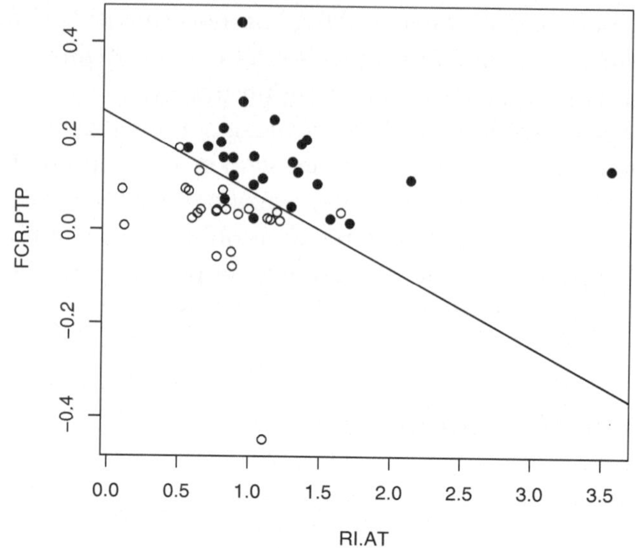

Figura 1.1. Distribuzione di 25 imprese solvibili (cerchio pieno) e 24 imprese non solvibili (cerchio vuoto) secondo il capitale investito netto (RI.AT) e il rapporto fra il flusso di cassa e le passività correnti (FCR.PTP)

Più formalmente, lo scoring di accettazione è il processo attraverso cui alcune informazioni relative ad un richiedente credito vengono combinate e convertite in un punteggio, in inglese *score*, costruito in modo tale da essere proporzionale alla probabilità *stimata* che il richiedente sia solvibile. Lo score del potenziale cliente è confrontato con un apposito valore di soglia (in inglese *cut-off*): se lo score è superiore al valore di soglia, il richiedente è classificato come "solvibile" e si procede alla concessione del finanziamento. Altrimenti, il richiedente è classificato come "non solvibile" ed escluso dal finanziamento.

Le tecniche di scoring si differenziano nel modo di costruire lo score. Oltre alla regressione logistica e alla analisi discriminante, in questo ambito trovano utilizzo anche altri metodi, quali il metodo delle k unità più vicine, gli alberi di classificazione, le reti neurali e gli algoritmi genetici. A differenza dei modelli classici, queste tecniche non si prestano a fornire un'interpretazione della funzione di score, ma sono dei meri classificatori, ovvero delle funzioni che assegnano ogni unità ad una delle due classi.

Tutte le tecniche utilizzate in questo ambito, tuttavia, hanno caratteristiche comuni che derivano dalla natura intrinsecamente probabilistica del fenomeno in studio. Infatti, dal momento che soggetti con le stesse caratteristiche possono comportarsi in maniera diversa, vi è una componente casuale insopprimibile nel processo di manifestazione del comportamento del cliente. Ovviamente, l'importanza della componente casuale è tanto inferiore quanto più le informazioni colgono le reali determinanti di tale comportamento.

I modelli statistici che tratteremo in questo libro sono il modello logistico e l'analisi discriminante. Nonostante siano intimamente connessi, il primo è maggiormente utilizzato quando l'enfasi dello studio è nella previsione dell'evento che definisce la variabile di classificazione, mentre il secondo è invece maggiormente utilizzato quando l'enfasi è nella mera assegnazione di una unità ad una delle due possibili classi.

1.4 Fasi del credit scoring

L'ipotesi di base per la costruzione di una griglia di scoring è che, in un arco temporale abbastanza ampio, la popolazione in studio sia omogenea. Se si accetta questo, il *passato recente* può essere utilizzato per prevedere il *futuro prossimo* e, pertanto, le informazioni su clienti per i quali è stata osservata l'intera storia creditizia possono costituire la base di dati per la costruzione di un sistema di scoring. Più precisamente, le fasi del credit scoring possono essere delineate nel modo che segue.

1. *Definizione della popolazione obiettivo.* Ogni modello di scoring deve essere sviluppato per una popolazione ben definita, omogenea rispetto a caratteristiche economiche. Queste possono essere, nel caso del credito alle imprese, la dimensione della impresa, il settore merceologico e il volume del fatturato. Talvolta, come nel caso del credito al consumo, la popolazione si definisce sulla base del prodotto finanziario offerto. È importante ricordare che, affinché le tecniche di scoring siano applicabili, deve esistere un intervallo temporale in cui tale popolazione si possa ipotizzare omogenea. Tuttavia, variazioni del contesto economico, dovute a fattori congiunturali, possono fare sì che in tempi abbastanza brevi la popolazione in studio cambi (in inglese questo fenomeno è noto come *population drift*) e di conseguenza il sistema di scoring risulti inadeguato.

2. *Definizione della variabile di classificazione.* Con questo termine si intende la variabile che definisce il manifestarsi dell'evento oggetto di studio in un intervallo temporale prefissato, che può essere pari alla durata del piano di rimborso o ad una sua frazione. La variabile di classificazione è anche detta *Flag*. La Flag è connessa al mancato rimborso del debito secondo

lo schema concordato. Nel caso di una impresa, si parla anche di default e tipicamente, l'impresa è classificata in default al momento del mancato pagamento del secondo o del terzo rateo. La definizione della variabile di classificazione può variare in funzione del volume della insolvenza, ed è importante che rifletta l'evento a partire dal quale si ingenera un reale disagio per l'ente che eroga il credito.

3. *Formazione di una base di dati*. In questa fase si definisce (a) l'insieme di unità che entrano a formare il campione sul quale implementare la metodologia e (b) le informazioni da rilevare su ciascuna unità. Il campione deve essere considerato rappresentativo della popolazione obiettivo o, in termini statistici, estratto in maniera casuale da questa. In generale, si considerano campioni casuali quelli formati da tutte le unità che hanno proceduto alla richiesta di un finanziamento in un determinato arco temporale.

Per ogni unità del campione, vengono rilevate le informazioni, o variabili, di carattere economico che si ritengono importanti e che descrivono sia il tipo di finanziamento (tipicamente la durata e l'ammontare) sia il profilo del cliente. Nel credito alle piccole e medie imprese, le informazioni provengono dai bilanci delle aziende. Nel credito al consumo, gran parte delle variabili sono di natura socio-demografica e provengono dal modulo di richiesta del finanziamento. Queste informazioni sono talvolta integrate con quelle di natura finanziaria in possesso dei *credit bureaux* e che riguardano la storia creditizia del richiedente. Si noti che le informazioni rilasciate dal richiedente il credito spesso hanno un grado di attendibilità minore di quelle provenienti delle fonti informatizzate. Le seconde, inoltre, sono costantemente aggiornate, mentre le prime sono rilevate solo al momento della richiesta.

Le unità del campione sono seguite per l'intervallo di tempo fissato, al termine del quale ogni unità è classificata in una delle due categorie della variabile Flag. È importante che la finestra temporale di osservazione del campione sia costante per tutte le osservazioni. Un fenomeno tipico nel credit scoring è quello dello sbilanciamento dei dati rispetto alla variabile di classificazione. È infatti possibile che le unità che hanno dato luogo ad insolvenza siano rare e comunque assai meno numerose di quelle che si sono rivelate solvibili. Per motivi che saranno spiegati nel capitolo terzo, in questo caso è opportuno ottenere un campione rispetto alla variabile risposta. In questo lavoro si illustra la procedura di sotto-campionamento delle unità sane, fino ad ottenere un campione in cui la numerosità delle unità sane e di quelle insolventi siano quasi uguali.

4. *Determinazione e implementazione della metodologia.* In questa fase (a) si sceglie la tecnica da utilizzare per la costruzione del sistema di scoring e (b) si procede alla sua implementazione nel campione. Per quanto riguarda la scelta della tecnica, questa dipende sia dagli obiettivi che dai risultati conseguiti in analoghi contesti di studio. Per quanto riguarda la implementazione, per evitare di utilizzare le unità due volte, la prima per costruire il sistema di scoring e la seconda per convalidarlo, è buona prassi dividere il campione in due sotto-campioni: un campione di sviluppo (in inglese *training sample*) ed un campione, spesso di inferiore numerosità, di convalida (in inglese *test sample*).

Ogni tecnica di classificazione è soggetta a due tipi di errori: classificare come solvibili dei clienti che in realtà non lo sono o, viceversa, classificare come non solvibili alcuni clienti che il realtà lo sono. Come vedremo, anche all'interno della stessa metodologia, occorre operare delle scelte, volte a migliorarne l'accuratezza, che vanno dalla decisione di quali informazioni inserire nel modello alla definizione della relativa forma funzionale. In questa fase sono di ausilio sia tecniche descrittive, basate sul campione di convalida, sia tecniche statistiche inferenziali. Quest'ultime permettono di distinguere gli andamenti fondamentali del fenomeno da quelli casuali dovuti all'avere utilizzato quel dato campione. I primi sono presenti nella popolazione e pertanto non legati al campione; i secondi saranno diversi in un secondo campione. Dalla corretta separazione dei due aspetti dipende la accuratezza della metodologia.

Una volta stimato il modello, una tecnica di scoring può essere tradotta in un sistema di pesi, o parametri, da attribuire ad ogni configurazione delle variabili che descrivono il cliente. Un tempo questa procedura consisteva nella costruzione di una scheda, la *score card*, in cui i singoli pesi venivano evidenziati al fianco delle caratteristiche a cui si riferivano e poi sommati per produrre lo scoring. Attualmente, questa procedura è totalmente automatizzata: i parametri sono salvati su supporto magnetico e l'immissione delle informazioni produce automaticamente come output la valutazione dello score.

5. *Scelta del valore di soglia e stima degli errori di classificazione.* Questa fase è tipica dello scoring di accettazione, in cui si deve decidere se ammettere o meno al finanziamento un soggetto. Come vedremo, il valore di soglia è determinato in base a esigenze aziendali. Infatti, il costo dell'ammettere al finanziamento un soggetto insolvibile può essere diverso dal costo, inteso come mancato profitto, del perdere un cliente solvibile. Il valore di soglia viene pertanto scelto come quel valore che minimizza il costo atteso e di-

pende dal rapporto dei costi che l'azienda deve sopportare in caso di errata classificazione. Talvolta possono essere usati anche criteri differenti, dettati da esigenze di espansione dell'istituto e di penetrazione in determinato mercato.

Una volta scelto il valore di soglia, è possibile ottenere una stima della probabilità di compiere un errore di classificazione. Questa può farsi di nuovo attraverso metodi statistici, oppure basandosi sulle frequenze relative dei due errori di classificazione nel campione di convalida. Talvolta, nel caso di campioni di numerosità ridotta, il campione di convalida coincide con quello di sviluppo. È opportuno sottolineare come, in questo caso, sia naturale attendersi una sottostima dei reali errori di classificazione.

6. *Controllo della precisione dello scoring nel tempo.* La fase di monitoraggio consente di verificare l'efficacia nel tempo della tecnica di scoring, una volta che questa è stata implementata. In questa fase, si valutano sia (a) la capacità della funzione di score di separare il gruppo delle unità solvibili da quello delle non solvibili, detta capacità discriminante, sia (b) l'aderenza fra la probabilità di insolvenza stimata sulla base del modello e quella osservata, detta calibrazione.

Si noti che, nello scoring di accettazione, è possibile monitorare solo la popolazione dei clienti giudicati solvibili. Infatti, i clienti non considerati solvibili non sono ammessi al finanziamento e le informazioni relative alla loro storia creditizia sono perdute. Pertanto, l'azienda potrà monitorare il sistema di scoring basandosi sulla distanza fra il tasso di insolvenza atteso e quello osservato nella popolazione finanziata. Una distanza elevata, in una direzione o in un'altra, denota un logoramento del sistema di scoring e deve portare ad un aggiornamento della metodologia.

La prassi seguita da molti istituti di credito è quella di alzare la soglia nel caso in cui vi sia un eccesso di insolvenze e di abbassarla in caso contrario. Questo modo di procedere implicitamente assume che i parametri del modello di scoring siano sempre validi e che sia intervenuto un mutamento che ha comportato una traslazione costante in tutta la popolazione. Tuttavia, nella realtà la popolazione in studio evolve spesso in maniera non omogenea, e le variazioni possono interessare gruppi di soggetti in maniera diversa. Un filone di studio, noto come *reject inference*, si occupa di questo problema, che non verrà trattato in questa sede.

1.5 L'approccio decisionale

Possiamo schematizzare il processo di decisione attraverso una storia, con i personaggi ed una trama, le complicazioni ed i possibili epiloghi. Nel seguito, faremo l'ipotesi che le variabili casuali $(X_1, X_2, \ldots, X_p)$ siano continue e utilizzeremo la notazione propria di questo contesto. La trattazione non varia concettualmente nel caso in cui queste siano discrete.

$\rightarrow$ *I personaggi.*

- Le due popolazioni P_0 e P_1, i cattivi e i buoni;

- $(X_1, X_2, \ldots, X_p)^T$ il vettore di variabili casuali, dette anche esplicative, che descrivono le informazioni sulle unità delle due popolazioni con valori $\mathbf{x}^T = (x_1, x_2, \ldots, x_p)$;

- una v.c. binaria $Y \in \{0, 1\}$, che vale 0 se una osservazione appartiene alla popolazione P_0 e 1 altrimenti;

- $P(Y = 0)$ e $P(Y = 1)$, ovvero le probabilità a priori che una unità appartenga a P_0 e P_1;

- $P(Y = 0 \mid \mathbf{x})$ e $P(Y = 1 \mid \mathbf{x})$, ovvero le probabilità a posteriori che una unità appartenga a P_0 e P_1, determinate utilizzando le informazioni $\mathbf{x}$;

- $f_1(\mathbf{x}) = f(\mathbf{x} \mid Y = 1)$ e $f_0(\mathbf{x}) = f(\mathbf{x} \mid Y = 0)$, ovvero le funzioni di densità di $(X_1, X_2, \ldots, X_p)$, condizionate ai valori di Y, valutate in $\mathbf{x}$;

- $f(\mathbf{x})$, ovvero la funzione di densità marginale di $(X_1, X_2, \ldots, X_p)$ valutata in $\mathbf{x}$;

- i due tipi di errore: quello di assegnare un'unità buona alla popolazione P_0, che chiameremo del primo tipo, e quello di assegnare un'unità cattiva a P_1, che chiameremo del secondo tipo;

- la probabilità di compiere l'errore del primo tipo, che indicheremo con $p(0|1)$, e quella di compiere l'errore del secondo tipo, che indicheremo con $p(1|0)$ (queste probabilità saranno dette *ottimali*);

- i costi, entrambi positivi, associati ai due errori: $C(0 \mid 1)$ e $C(1 \mid 0)$, ovvero, in ordine, il costo di allocare una unità alla popolazione P_0 quando invece proviene da P_1 (questo costo si può vedere come il profitto perso) e il costo di allocare una unità alla popolazione P_1 dato che invece proviene da P_0 (perdita del capitale, spese legali, ecc.).

$\rightarrow$ *Le relazioni fra i personaggi.* Le v.c. Y e $(X_1, X_2, \ldots, X_p)$ ammettono una funzione di densità congiunta tale che:

- la funzione di densità delle $(X_1, X_2, \ldots, X_p)$, $f(\mathbf{x})$, marginale rispetto ad Y è così espressa:

$$f(\mathbf{x}) = f_0(\mathbf{x})P(Y = 0) + f_1(\mathbf{x})P(Y = 1);$$

- le probabilità a posteriori sono date dalla formula di Bayes:

$$P(Y = r \mid \mathbf{x}) = \frac{f_r(\mathbf{x})P(Y = r)}{f(\mathbf{x})} \ , \quad r \in \{0, 1\}. \tag{1.1}$$

$\rightarrow$ *La trama.* Si indichi con A l'insieme di tutti i possibili valori $\mathbf{x}$. L'obbiettivo è quello di dividere A in due regioni A_0 e A_1 esaustive e mutualmente esclusive, tali che:

$$\mathbf{x} \in A_0 \text{ se il cliente è cattivo;}$$
$$\mathbf{x} \in A_1 \text{ se il cliente è buono.}$$

Tuttavia, il problema della determinazione di A_0 e A_1 non ha natura deterministica, in quanto unità con le stesse caratteristiche $\mathbf{x}$ possono appartenere sia ad una popolazione che all'altra. Lo studio pertanto deve essere effettuato o sulle funzioni di densità condizionate di $\mathbf{x}$, $f_r(\mathbf{x})$, oppure sulle probabilità a posteriori $P(Y = r \mid \mathbf{x})$, $r \in \{0, 1\}$.

Una prima regola intuitiva per determinare A_1 è quella di assegnare ad A_1 tutti i valori $\mathbf{x}$ tali che il rapporto fra le probabilità a posteriori $\frac{P(Y=1|\mathbf{x})}{P(Y=0|\mathbf{x})}$ è maggiore di un valore di soglia. Più formalmente, A_1 sarà l'insieme delle $\mathbf{x}$ tali che:

$$A_1 = \left\{ \mathbf{x} \mid \frac{P(Y = 1 \mid \mathbf{x})}{P(Y = 0 \mid \mathbf{x})} > c \right\} \tag{1.2}$$

con c scelto opportunamente. Ad esempio, se $c = 1$, l'insieme A_1 si compone di tutti i valori per cui la probabilità a posteriori che un'unità appartenga alla popolazione dei buoni è maggiore di 0.5. La regione A_1 è detta *regione di accettazione.*

Il problema allora della scelta della migliore partizione di A viene riformulato in termini della scelta del migliore valore di soglia c. È intuitivo che il valore c deve tenere conto del rapporto fra i due costi di errata classificazione. Sia C la variabile casuale che descrive il costo. In caso di corretta classificazione, il costo è nullo. L'ente finanziatore dovrà sostenere il costo $C(0|1)$ se l'unità proviene dalla popolazione P_1 e viene mal classificata.

Analogamente, l'ente finanziatore dovrà sostenere il costo $C(1|0)$ se l'unità proviene dalla popolazione P_0 e viene mal classificata. Pertanto, il valore atteso di C è il seguente:

$$E(C) = C(0 \mid 1)P(Y = 1)p(0|1) + C(1 \mid 0)P(Y = 0)p(1|0).$$

Nel seguito per brevità si pone $d\mathbf{x} = dx_1 \ldots, dx_p$. Osservando che $p(1|0) = \int_{A_1} f_0(\mathbf{x})d\mathbf{x}$, mentre $p(0|1) = \int_{A_0} f_1(\mathbf{x})d\mathbf{x}$, il valore atteso diventa:

$$E(C) = C(0 \mid 1)P(Y = 1) \int_{A_0} f_1(\mathbf{x})d\mathbf{x} + C(1 \mid 0)P(Y = 0) \int_{A_1} f_0(\mathbf{x})d\mathbf{x}.$$

Il valore di soglia c coincide con quel valore che minimizza il valore atteso del costo. Notando che $\int_{A_0} f_r(\mathbf{x})d\mathbf{x} + \int_{A_1} f_r(\mathbf{x})d\mathbf{x} = 1$, $r \in \{0, 1\}$, dopo alcune sostituzioni, l'espressione si semplifica nella seguente:

$$E(C) = C(0 \mid 1)P(Y = 1) + \int_{A_1} [C(1 \mid 0)P(Y = 0)f_0(\mathbf{x}) -$$
$$C(0 \mid 1)P(Y = 1)f_1(\mathbf{x})]d\mathbf{x}.$$

Dal momento che $C(0 \mid 1)P(Y = 1)$ è costante, il valore atteso del costo viene minimizzato scegliendo A_1 come l'insieme di tutti e soli i valori di $\mathbf{x}$ in cui la funzione integranda $[C(1 \mid 0)P(Y = 0)f_0(\mathbf{x}) - C(0 \mid 1)P(Y = 1)f_1(\mathbf{x})]$ è negativa, ovvero

$$\frac{f_1(\mathbf{x})}{f_0(\mathbf{x})} > \frac{C(1 \mid 0)P(Y = 0)}{C(0 \mid 1)P(Y = 1)}.$$

Di conseguenza, la regione di accettazione è così determinata:

$$A_1 = \left\{ \mathbf{x} \mid \frac{f_1(\mathbf{x})}{f_0(\mathbf{x})} > \frac{C(1 \mid 0)P(Y = 0)}{C(0 \mid 1)P(Y = 1)} \right\} \qquad (1.3)$$

oppure, facendo uso della (1.1):

$$A_1 = \left\{ \mathbf{x} \mid \frac{P(Y = 1 \mid \mathbf{x})}{P(Y = 0 \mid \mathbf{x})} > \frac{C(1 \mid 0)}{C(0 \mid 1)} \right\}, \qquad (1.4)$$

da cui emerge che il valore di soglia ottimale è dato dal rapporto fra i costi, ovvero $c = \frac{C(1|0)}{C(0|1)}$.

Una formulazione alternativa della regione di accettazione si ottiene passando al logaritmo dei rapporti fra le funzioni di densità condizionate:

$$A_1 = \left\{ \mathbf{x} \mid \log \frac{f_1(\mathbf{x})}{f_0(\mathbf{x})} > \log \frac{C(1 \mid 0)}{C(0 \mid 1)} + \log \frac{P(Y = 0)}{P(Y = 1)} \right\} \qquad (1.5)$$

oppure fra le probabilità a posteriori:

$$A_1 = \left\{ \mathbf{x} \mid \log \frac{P(Y = 1 \mid \mathbf{x})}{P(Y = 0 \mid \mathbf{x})} > \log \frac{C(1 \mid 0)}{C(0 \mid 1)} \right\}. \tag{1.6}$$

$\rightarrow$ *Le Complicazioni.* L'applicabilità della regola di allocazione determinata in precedenza dipende dalla conoscenza di tutti i personaggi (ad eccezione dei costi di errata classificazione, per i quali è sufficiente conoscere il rapporto). Tuttavia, nelle analisi che vengono effettuate nel contesto in studio, questa conoscenza o non è disponibile, oppure lo è in forma parziale. Questo dà luogo ad alcune complicazioni.

- In pratica, le densità condizionate $f_r(\mathbf{x})$ non sono note. Certe volte se ne conosce la forma, ma i parametri debbono essere stimati con metodi statistici. Altre volte neppure la forma è nota e si ricorre a tecniche di stima dette non parametriche.

- Spesso anche le probabilità a priori $P(Y = 0)$ e $P(Y = 1)$ non sono note. Tuttavia se il campione è estratto casualmente, si possono stimare attraverso le analoghe frequenze relative, o proporzioni, osservate nel campione.

- Talvolta l'ente erogatore non è in grado di tradurre in termini numerici il rapporto tra i costi di errata classificazione.

- Alcune delle p variabili casuali $(X_1, X_2, \ldots, X_p)$ possono essere irrilevanti ai fini della classificazione. Questo fatto, se non comporta complicazioni nel caso di perfetta conoscenza delle probabilità e delle funzioni di densità coinvolte, può generare instabilità nella classificazione nel caso in cui queste si debbano stimare attraverso metodi statistici. È pertanto importante disporre di strumenti per la convalida del modello scelto e verificare che esso sia il più parsimonioso possibile.

$\rightarrow$ *Due epiloghi.* Come abbiamo detto, il caso in cui le funzioni di densità e di probabilità siano perfettamente note è un caso di scuola. Nella pratica, le $f_r(\mathbf{x})$ non sono note e pertanto debbono essere stimate attraverso tecniche statistiche.

Le due equazioni (1.5) e (1.6), che definiscono la regione di accettazione, equivalenti dal punti di vista matematico, danno luogo, in fase di stima, a due modelli statistici diversi. In particolare, la formulazione sui logaritmi delle densità condizionate contenuta nella (1.5) conduce alla tecnica di classificazione nota come analisi discriminante, mentre la formulazione sui logaritmi delle probabilità a posteriori contenuta nella (1.6) conduce alla tecnica di classificazione attraverso il modello logistico. Ovvero:

$$A_1 = \left\{ \mathbf{x} \mid \log \frac{f_1(\mathbf{x})}{f_0(\mathbf{x})} > \log \frac{C(1 \mid 0)}{C(0 \mid 1)} + \log \frac{P(Y = 0)}{P(Y = 1)} \right\}$$

$$\Downarrow$$

ANALISI DISCRIMINANTE

oppure,

$$A_1 = \left\{ \mathbf{x} \mid \log \frac{P(Y = 1 \mid \mathbf{x})}{P(Y = 0 \mid \mathbf{x})} > \log \frac{C(1 \mid 0)}{C(0 \mid 1)} \right\}$$

$$\Downarrow$$

MODELLO LOGISTICO.

Le regioni A_0 e A_1, determinate attraverso i due metodi, tenderanno a coincidere se il campione è molto grande. Si noti che, nonostante in principio si possa usare l'analisi discriminante per ogni forma delle densità condizionate $f_r(\mathbf{x})$, in pratica questa è stata implementata solo per dati continui. Il modello logistico non soffre di questa limitazione ed è pertanto più flessibile.

$\rightarrow$ *Una storia simile.* Di particolare interesse nel credit scoring è il determinare la soglia c come quel valore che minimizza la probabilità di errore del secondo tipo tenendo costante, pari ad $a \times 100$, la percentuale di accettazione. In questo caso, si determina l'insieme A_1 in modo tale che:

$$\int_{A_1} f_0(\mathbf{x})P(Y = 0)d\mathbf{x} = \int_{A_1} f(\mathbf{x}) \frac{f_0(\mathbf{x})P(Y = 0)}{f(\mathbf{x})} d\mathbf{x} = \text{minimo}$$

sotto il vincolo che

$$\int_{A_1} f_0(\mathbf{x})P(Y = 0)d\mathbf{x} + \int_{A_1} f_1(\mathbf{x})P(Y = 1)d\mathbf{x} = \int_{A_1} f(\mathbf{x})d\mathbf{x} = a. \quad (1.7)$$

Si può verificare che in tal caso A_1 coincide con l'insieme delle $\mathbf{x}$ tali che

$$\frac{f_0(\mathbf{x})P(Y=0)}{f(\mathbf{x})} = P(Y=0 \mid \mathbf{x}) \leq c'$$

in cui c' è scelto in modo tale da soddisfare la condizione (1.7). Dopo alcune elaborazioni avremo:

$$A_1 = \left\{ \mathbf{x} \mid \frac{f_1(\mathbf{x})}{f_0(\mathbf{x})} \geq \frac{(1-c')P(Y=0)}{c'P(Y=1)} \right\}.$$

1.6 Lo score e la classificazione delle unità

Ma che cosa è allora lo score? Come si assegna una unità ad una o all'altra popolazione? Come si valutano le probabilità di compiere un errore di classificazione? Possiamo per il momento dare una risposta a queste domande supponendo che i personaggi della storia siano tutti noti.

Si indichi con $s(\mathbf{x})$ la funzione che esprime il logaritmo del rapporto delle probabilità a posteriori, ovvero

$$s(\mathbf{x}) = \log \frac{P(Y=1 \mid \mathbf{x})}{P(Y=0 \mid \mathbf{x})}. \tag{1.8}$$

La funzione $s(\mathbf{x})$ è detta *funzione di score*. Si noti che, in quanto funzione di variabili casuali, è essa stessa una variabile casuale. In analogia con la notazione per le v.c., nel seguito indicheremo con $S = S(X_1, X_2, \ldots, X_p)$ la v.c. e con $s = s(\mathbf{x})$ il valore da questa assunta quando $\mathbf{x}$ è dato. Si noti inoltre che, indipendentemente dal numero p di variabili casuali, S è una variabile casuale unidimensionale.

Così definito, lo score è una funzione che assume valori da $-\infty$ a $+\infty$ ed assume valori positivi se la probabilità a posteriori di solvibilità è maggiore di 0.5. Ogni trasformazione monotona della $s(\mathbf{x})$ è ancora uno score. Talvolta, per motivi di trattabilità, si preferiscono funzioni di score che assumono valori in intervalli limitati dell'asse reale. La più comune fra queste, detta *score canonico*, è la seguente:

$$s' = \frac{\exp s}{1 + \exp s}.$$

Il lettore è invitato a verificare che $s'(\mathbf{x}) = P(Y=1 \mid \mathbf{x})$. Talvolta, sempre per esigenze interpretative, si preferisce moltiplicare per 100 o per 1000 il valore di s. (Ovviamente, nello scoring di accettazione, ad ogni trasformazione monotona della funzione di score deve seguire l'analoga trasformazione del valore di soglia.) Nel seguito faremo riferimento alla funzione di score come definita nella (1.8).

Come si assegna lo score ad una unità? Sia $\mathbf{x}_i$ il valore delle variabili casuali assunto dalla generica i-esima unità in ingresso. Da quanto detto, $s(\mathbf{x}_i)$ è il suo score. Dal momento che la funzione di score è unidimensionale, essa permette un ordinamento completo fra le unità. Inoltre, nello scoring di accettazione occorre assegnare una unità all'una o all'altra popolazione. Questo comporta verificare se $\mathbf{x}_i \in A_1$. Da quanto detto, $\mathbf{x}_i \in A_1$ se e solo se $s(\mathbf{x}_i) > \log c$. Anche nel caso di esatta conoscenza della funzione $s(\mathbf{x})$, vi è una probabilità positiva di compiere un errore di allocazione. Questo perchè vi sono valori delle v.c. $(X_1, X_2, \ldots, X_p)$ che si verificano sia sotto P_0 che P_1, ovvero le due popolazioni si sovrappongono. Di conseguenza, le due popolazioni si sovrappongono anche rispetto a loro trasformazioni.

$\rightarrow$ *Lo score e il modello logistico.* Il rapporto fra le due probabilità a posteriori di successo e di insuccesso che compare nell'espressione (1.8) è la trasformazione che conduce al modello logistico, che sarà trattato nel capitolo terzo. Il modello impone:

$$s(\mathbf{x}) = \alpha + \boldsymbol{\beta}^T \mathbf{x}$$

con α e $\boldsymbol{\beta}$ i parametri del modello. Nell'esercizio 1.1 si mostra come il modello possa essere utilizzato per determinare la regione di accettazione, nel caso in cui i parametri siano noti. Nel terzo capitolo queste derivazioni saranno estese al caso, più realistico, in cui i parametri non sono noti, ma devono essere stimati attraverso tecniche statistiche inferenziali.

$\rightarrow$ *Lo score e l'analisi discriminante.* Nell'analisi discriminante, la grandezza in studio è il rapporto delle densità condizionate,

$$\log \frac{f_1(\mathbf{x})}{f_0(\mathbf{x})} = s(\mathbf{x}) + \log \frac{P(Y = 0)}{P(Y = 1)}. \tag{1.9}$$

In questo lavoro tratteremo il caso in cui le $f_r(\mathbf{x})$, $r \in \{0, 1\}$, sono funzioni di densità di variabili casuali normali multiple. Questo dà luogo ad una semplificazione del logaritmo del loro rapporto che, nel caso di uguaglianza delle matrici delle varianze e delle covarianze nelle due popolazioni, conduce ad una forma lineare. Anche nel caso di esatta conoscenza delle funzioni $f_r(\mathbf{x})$, vi è una probabilità positiva di compiere un errore di allocazione.

A titolo esemplificativo, consideriamo il caso in cui si disponga di una sola variabile casuale X tale che $f_0(x)$ sia una normale con valore atteso

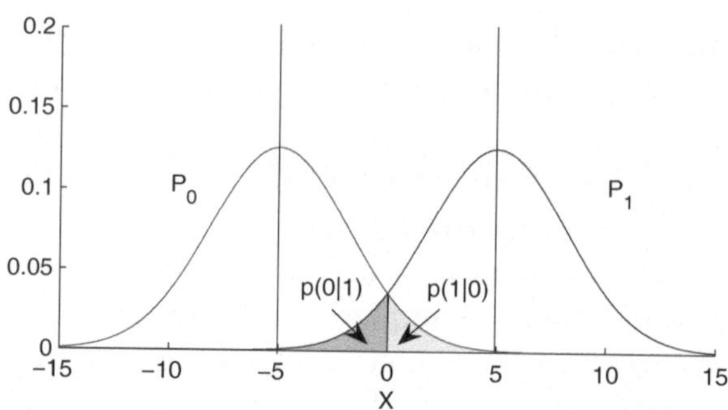

Figura 1.2. Regione di accettazione e probabilità di errore nel caso gaussiano univariato, con $\mu_0 = -5$, $\mu_1 = 5$, $\sigma_0^2 = \sigma_1^2 = 10$

μ_0 e varianza σ^2 e $f_1(x)$ sia una normale con valore atteso μ_1 e varianza σ^2. Si ponga per semplicità di esposizione $C(1|0) = C(0|1)$ e $P(Y = 1) = P(Y = 0)$ e, pertanto, $\log c = 0$. (Dalla (1.5) si deduce che la rimozione dell'ipotesi di uguaglianza fra i costi e fra le probabilità a priori produce un effetto traslativo del valore di soglia.) In tal caso, si trova facilmente (si veda l'esercizio 1.2) che $s(x)$ è pari a:

$$s(x) = \frac{1}{\sigma^2}\left[(\mu_1 - \mu_0)x - \frac{1}{2}(\mu_1^2 - \mu_0^2)\right].$$

La regione di accettazione diventa pertanto:

$$A_1 = \left\{x \mid x > \frac{\mu_1 + \mu_0}{2}\right\}$$

in cui si è posto $\mu_1 > \mu_0$ (altrimenti il senso della disuguaglianza che definisce A_1 deve essere invertito). Si noti che, in tal caso, la regione A_1 è determinata dall'insieme delle x superiori alla semisomma delle medie delle due popolazioni. In questo caso la x è essa stessa una funzione di score. Dal momento che le due distribuzioni sono simmetriche ed hanno la stessa variabilità, il valore centrale dell'intervallo fra le due medie diventa il valore di soglia sulla base del quale assegnare una unità ad una o all'altra popolazione. Essendo le $f_r(x)$ note, le probabilità di errore del primo e del secondo tipo sono in questo caso di facile derivazione, si veda l'esercizio 1.2. In Figura 1.2 è riportato il grafico della distribuzione di X sotto P_0 e sotto P_1. Le aree in grigio evidenziano le probabilità di compiere i due tipi di errori. Si noti che vi è una relazione inversa fra le due probabilità, dal momento che, ad esempio, una traslazione positiva del valore di soglia comporta un diminuzione della probabilità di errore del secondo tipo ma anche un aumento della probabilità di errore del primo. Nel quarto capitolo estenderemo queste derivazioni al caso, più realistico, in cui i parametri delle funzioni di densità condizionate non sono noti, ma debbono essere stimati.

1.7 Le curve ROC e CAP

Sia $S = S(X_1, X_2, \ldots, X_p)$ la variabile casuale ottenuta come funzione delle v.c. $(X_1, X_2, \ldots, X_p)$ e sia $F(s) = P(S \leq s)$ la associata funzione di ripartizione. Siano $P(Y = 1)$ e $P(Y = 0)$ le probabilità a priori dei buoni e dei cattivi. Siano, inoltre, $F(s \mid Y = 0)$ e $F(s \mid Y = 1)$, rispettivamente, le funzioni di ripartizione nella popolazione dei buoni e dei cattivi clienti. Avremo:

$$F(s) = F(s \mid Y = 1)P(Y = 1) + F(s \mid Y = 0)P(Y = 0).$$

Per ogni scelta s del valore di soglia, la proporzione di cattivi classificati come tali è pari a $F(s \mid Y = 0)$ mentre la proporzione di buoni classificati come tali è pari a $1 - F(s \mid Y = 1)$. Con un termine mutuato dal linguaggio biomedico, la prima è detta *specificità*, mentre la seconda è detta *sensibilità*. Inoltre, $F(s \mid Y = 1)$ è la probabilità che i buoni vengano erroneamente classificati come cattivi, mentre $1 - F(s \mid Y = 0)$ è la probabilità che i cattivi vengano erroneamente classificati come buoni. I primi sono detti falsi negativi e i secondi sono detti falsi positivi.

Una funzione di score deve presentare, per valori fissati della specificità, valori elevati della sensibilità. Questo è il principio su cui si basa l'analisi mediante la curva *Received Operating Characteristics* (ROC). Pensiamo di far variare s e di calcolare, per ogni valore di s, le grandezze $1 - F(s \mid Y = 0)$ e $1 - F(s \mid Y = 1)$. La curva ROC è la curva che unisce i punti di ascissa $1 - F(s \mid Y = 0)$ e di ordinata $1 - F(s \mid Y = 1)$. Per una data soglia s la curva fornisce la percentuale $F(s \mid Y = 1) \times 100$ di clienti buoni che deve essere esclusa dal finanziamento per escludere la percentuale $F(s \mid Y = 0) \times 100$ di clienti cattivi. In Figura 1.3 è riportato un esempio di grafico della curva ROC. Dal grafico si deduce che in corrispondenza di una specificità pari a 0.6 (valore 0.4 nell'asse delle ascisse) si ottiene una sensibilità pari a 0.7. Si noti che la bisettrice dell'angolo nell'origine degli assi corrisponde alla curva con $F(s \mid Y = 1) = F(s \mid Y = 0)$ e, pertanto, corrisponde ad una regola di classificazione casuale delle unità, dal momento che è uguale per le due popolazioni. Maggiore è l'area circoscritta dalla curva e dalla bisettrice, tanto migliore è il classificatore. Questa area, nel caso di perfetta classificazione, è pari a $1/2$.

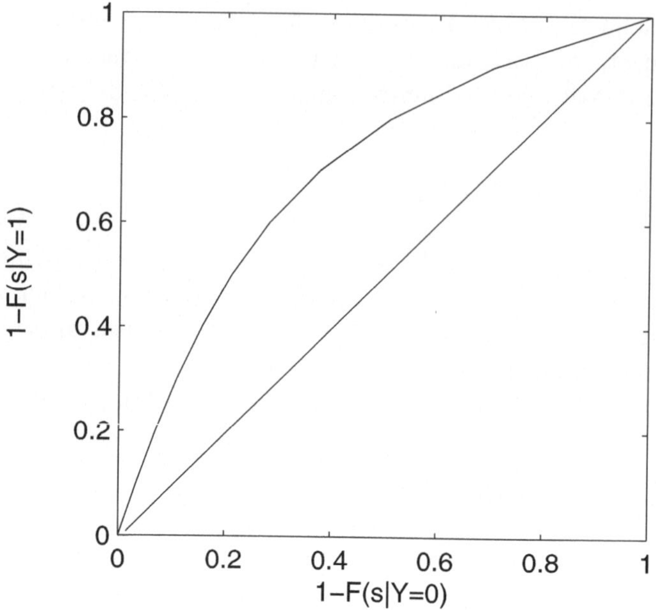

Figura 1.3. Un esempio di curva ROC

Sia $y(x)$ la curva ROC. Un indice sintetico basato sulla curva è l'indice di Gini, dato dal seguente rapporto:

$$I_{ROC} = \frac{\int_0^1 y(x)dx - 1/2}{1/2}.$$

Il numeratore dell'indice rappresenta è l'area racchiusa tra la curva e la bisettrice. L'indice sarà pari a 0 nel caso di classificazione casuale delle unità e 1 nel caso di perfetta classificazione.

La curva *Cumulative Accuracy Profile* (CAP) è la curva che unisce i punti di ascissa $F(s)$ e ordinata $F(s \mid Y = 0)$. Essa fornisce la percentuale di clienti $F(s) \times 100$ che deve essere esclusa dal finanziamento per escludere una percentuale $F(s \mid Y = 0) \times 100$ di cattivi. La bisettrice dell'angolo nell'origine degli assi, anche in questo caso, corrisponde alla situazione di classificazione casuale. Tanto maggiore è l'area delimitata dalla curva e dalla bisettrice, tanto migliore è il classificatore. Si noti, tuttavia, che in questo caso il valore massimo di tale area è dato da $[1 - P(Y = 0)]/2$, e pertanto dipende dalla quantità di cattivi presente nella popolazione.

Sia $y'(x)$ la curva CAP. Un indice sintetico basato sulla curva CAP è dato dal seguente rapporto:

$$I_{CAP} = \frac{\int_0^1 y'(x)dx - 1/2}{[1 - P(Y = 0)]/2}.$$

Si dimostra (si veda l'esercizio 1.4) che i due indici coincidono. Si noti che il valore dell'indice dipende sia dalla forma della funzione $S = S(X_1, \ldots, X_p)$ che dalla distanza fra le distribuzioni $f_0(\mathbf{x})$ e $f_1(\mathbf{x})$. Infatti, se queste sono perfettamente sovrapposte, l'indice sarà identicamente pari a 0 per ogni forma della funzione S (si veda l'esercizio 1.5). D'altra parte, l'indice sarà pari a 0 anche se le due distribuzioni sono distanti ma la regola di assegnazione è meramente casuale, con $F(s \mid Y = r) = F(s)$ per ogni s e r. Nel capitolo 3 si presenta un test per valutare, attraverso il campione di convalida, se il meccanismo di classificazione sia significativamente diverso da un meccanismo casuale.

Nella pratica, l'indice presentato è calcolato sul campione di convalida (in tal caso la curva sarà sostituita da una spezzata e l'integrale da una sommatoria). Esso può essere utilizzato per valutare l'accuratezza di un classificatore e per scegliere fra due o più funzioni di classificazione. Si noti che è prassi diffusa valutare la performance di un classificatore visivamente attraverso l'area sotto le due curve. Questo esercizio, nel caso in cui si utilizzi la curva CAP, può portare a conclusioni fuorivianti, specialmente in situazioni in cui $P(Y = 0)$ è elevato e l'area sotto la curva CAP è necessariamente ristretta.

La curva ROC può essere anche utilizzata per determinare il valore di soglia c, qualora esso non sia dettato da esigenze aziendali ad esempio di penetrazione nel mercato. Infatti, supponiamo per il momento che il rapporto fra i costi di errata classificazione sia uguale. Il migliore valore di soglia corrisponde al punto c in corrispondenza del quale è massima la distanza fra la curva e la bisettrice. Infatti, per valori inferiori a c, un innalzamento della soglia conviene poiché dà luogo ad un incremento della probabilità di corretta classificazione delle unità solvibili che è superiore all'incremento della probabilità di errata classificazione delle unità non solvibili; analogamente, per valori superiori ad c conviene un abbassamento della soglia fino al valore c. Nel caso di differenti costi di errata classificazione, la determinazione della soglia ottimale può farsi ponderando i decrementi delle probabilità con i relativi costi.

Un'ulteriore interpretazione dell'area sotto la curva come misura di concordanza è presentata nel paragrafo 3.13.

1.8 Il campione di sviluppo e di convalida

Nella realtà i parametri della funzione di score non sono noti, ma debbono essere stimati attraverso tecniche statistiche inferenziali. Per farlo, si deve disporre di una base di dati, ovvero di un insieme di unità per cui è noto sia il vettore $(x_1, \ldots, x_p)$ delle variabili esplicative che il valore della variabile Flag. Se prima abbiamo assimilato il processo decisionale ad una storia con i suoi personaggi, possiamo ora parlare degli interpreti della storia, ovvero degli elementi che nella realtà portano il processo a compimento.

La base dei dati è l'insieme di unità statistiche che costituiscono il campione. Come abbiamo detto, questo è suddiviso in due parti: il campione di sviluppo della tecnica di stima e quello di convalida della metodologia. Nel credit scoring, l'insieme delle variabili esplicative si compone di variabili sia quantitative che categoriali, o qualitative. Esempi di variabili categoriali sono quelle che esprimono lo stato civile o la professione di un cliente. Le determinazioni delle variabili categoriali sono dette modalità o livelli mentre le determinazioni delle variabili quantitative sono dette valori. Talvolta, tuttavia, per brevità ci riferiremo al vettore $(x_1, x_2, \ldots, x_p)$ come al vettore dei valori delle variabili esplicative.

Vi sono diversi modi di rappresentare una base di dati. Il primo, più noto, è quello di costruire una tabella rettangolare con tante righe quante le unità e tante colonne quante le variabili. Quando tutte le variabili sono categoriali, tuttavia, le configurazioni delle variabili esplicative tenderanno a riproporsi nel campione. Questo permette modi alternativi di sintetizzare i dati.

Esempio 1.2 *Il seguente esempio è tratto dal campione che analizzeremo in dettaglio nel capitolo terzo. Si studia il comportamento dei titolari di una carta di credito revolving emessa da una delle maggiori società finanziarie italiane. Il campione è formato dai soggetti che hanno aperto la carta nei primi sei mesi del 1997 ed ai quali è stato assegnato un limite di utilizzo inferiore a 2.5 milioni di lire (si ricordi che 1936.27 lire corrispondono ad un Euro!). Questi sono 19149, di cui 4000 unità sono state estratte casualmente per formare il campione di convalida. La variabile* Flag *misura il grado di utilizzo della carta al 31/12/1998, ed assume valore '0' se la carta è stata disattivata e '1' altrimenti. In ogni unità sono state rilevate variabili socio-demografiche quali il reddito in migliaia di lire (variabile* Reddito *con modalità: '0' se inferiore o uguale a 1500; '1' se superiore a 1500 ma inferiore o uguale a 2500; '3' se superiore a 2500); la proprietà di una abitazione (variabile* Proprietà *con modalità: 'Sì' se proprietario di* *abitazione non gravata da mutuo, 'No' altrimenti). Si dispone pertanto di una matrice con 15149 righe e 3 colonne.*

Cliente	Proprietà	Reddito	Flag
1	No	3	1
2	No	2	0
3	No	1	1
4	Sì	2	0
⋮	⋮	⋮	⋮
15149	Sì	1	1

Lo spoglio dei dati porta alla costruzione della seguente tabella a tre criteri di classificazione:

Proprietà=No	Reddito			Totale
Flag	1	2	3	
0	2230	2441	1376	6047
1	1517	1370	758	3645
Totale	3747	3811	2134	9692

Proprietà=Sì	Reddito			Totale
Flag	1	2	3	
0	844	1357	1338	3539
1	576	708	634	1918
Totale	1420	2065	1972	5457

I due modi sopra evidenziati non sono gli unici che verranno utilizzati in questo lavoro. Un modo alternativo di presentare i dati è quello di considerare tutte le possibili configurazioni delle variabili esplicative e contare quante osservazioni si presentano in ogni configurazione. All'interno di esse, infine, si contano quanti clienti posseggono una carta di credito attiva e si costruiscono le frequenze relative.

Esempio 1.3 *(segue da 1.2) Alternativamente, la base dei dati si può presentare nella seguente forma:*

Proprietà.	Reddito	N.Unità	N.Clienti attivi	Freq. relative
No	1	3747	1517	0.405
No	2	3811	1370	0.359
No	3	2134	758	0.355
Sì	1	1420	576	0.406
Sì	2	2065	708	0.343
Sì	3	1972	634	0.322
Totale		15149	5563	0.367

La frequenza relativa dei clienti con carta di credito ancora attiva al 31/12 dell'anno successivo alla apertura è abbastanza bassa, pari a 0.367. Essa è molto alta e vicina nei due gruppi di clienti nella fascia di reddito più bassa. Tende a diminuire con il reddito, e questa diminuzione è più accentuata nei clienti che sono proprietari di casa non gravata da mutuo. I clienti con la minore probabilità di avere una carta attiva, infatti, sono i proprietari nella più alta fascia di reddito.

Il secondo modo di presentare i dati consiste nella costruzione di una tabella di contingenza secondo sia le variabili esplicative che la variabile Flag. Invece, nel terzo modo di presentare i dati, il numero di righe della matrice rettangolare è pari al prodotto del numero di modalità di ogni variabile esplicativa. Ovvero esso è pari al numero di celle della tabella di contingenza ottenuta attraverso la classificazione delle sole variabili esplicative. Come vedremo, i modelli che andremo a costruire consentono, a partire da una base di dati come quella dell'esempio precedente, di fornire risposte a domande del tipo: quali variabili risultano determinanti per prevedere se un cliente è un buon cliente? Ci sono delle informazioni che si possono trascurare ai fini di questa previsione? Quale profilo hanno i clienti con la maggiore probabilità di avere una carta di credito ancora attiva un anno dopo l'apertura? E quelli con la minore probabilità? Le usuali tecniche statistiche, quali il test d'ipotesi per l'uguaglianza fra probabilità di due o più popolazioni, possono condurre solo a risposte parziali e occorre sviluppare una metodologia diversa.

1.9 Note bibliografiche

Nell'ambito dello scoring comportamentale, i modelli statistici di interesse sono molteplici, ed una introduzione può trovarsi in Thomas (2000) oppure in Thomas et al. (2002, cap. 6). Essi includono sia modelli univariati che multivariati. Nei primi tipicamente la variabile di interesse ha natura categoriale e può essere sia sconnessa che ordinata, come ad esempio un indicatore di ottimalità politomico. In alcuni casi la variabile può essere continua e positiva, generalmente la durata di una posizione creditizia in un determinato stato (si veda ad esempio Rozbach, 2003). I modelli multivariati si usano nel caso in cui il fenomeno di interesse, tipicamente il profitto, dipenda congiuntamente da più variabili. In questo contesto i modelli grafici si sono mostrati strumenti utili (si veda ad esempio Sewart e Whittaker, 1998, e Stanghellini et al., 1999). Nel caso in cui la variabile di interesse sia unica, ma misurata a diversi istanti temporali, i modelli più utilizzati sono le catene di Markov (si veda Gourieroux e Jasiak, 2007, cap. 8). Sempre in questo ambito, un modello di classificazione a classi latenti è stato utilizzato da Stanghellini (2004).

In letteratura si distingue fra classificazione descrittiva e predittiva, intendendo con la prima l'insieme di tecniche con finalità di descrivere attraverso un modello statistico la differenza fra due popolazioni e con la seconda i metodi per allocare una unità alla popolazione di appartenenza. Questa distinzione è messa in evidenza in Huberty (1994, cap. 2). In questa sede, il termine classificazione è da intendersi con finalità predittive. I libri che trattano il tema della classificazione sono numerosi. Hand (1997) presenta le maggiori tecniche statistiche. Il caso non parametrico è trattato in Azzalini e Scarpa (2004, cap. 5). L'approccio decisionale alla classificazione è descritto in Anderson (2003, cap. 6). Una rassegna delle tecniche di classificazione applicate al credit scoring si può trovare in Hand (2001). Un confronto critico a favore del modello logistico è in Arminger et al. (1997). La reject inference non è trattata in questo lavoro, si veda Thomas et al. (2002, cap. 8), oppure Banasik e Crook (2007). Un'introduzione critica è in Hand (1998).

I lavori che trattano l'applicazione di metodi di scoring alle piccole e medie imprese sono sempre più numerosi. Il tema è trattato diffusamente in Altman e Hotchkiss (2006, capp. 11–12), in cui si riporta, fra l'altro, una dettagliata rassegna bibliografica. Per una introduzione al problema si veda Sabato (2009). Per il rapporto fra i costi di errata classificazione si veda i riferimenti in Altman (2002). I primi studi sulle imprese italiane risalgono agli anni '70. In particolare, Alberici (1975), usa la tecnica dell'analisi discriminante. Successive analisi sono in Cifarelli et al. (1988) e Altman et al. (1994). Nel primo si utilizzano metodi bayesiani non trattati in questo libro. Nel secondo, si mettono a confronto le reti neurali con l'analisi discriminante, giungendo alla conclusione che i due classificatori non danno risultati apprezzabilmente diversi. Gli aspetti gestionali connessi alla implementazione delle tecniche automatizzate per lo scoring di accettazione sono trattati in Siddiqi (2006) e Mays (2004). Il contesto italiano è trattato in Alberici et al., (2008), e Nadotti (2002, cap. 4).

Problemi

1.1. Sia X una v.c. che descrive un indicatore di bilancio in una popolazione di imprese e Y la v.c. che descrive se l'impresa ha fatto default. Si abbia il modello logistico

$$s(x) = \alpha + \beta x$$

con $\alpha = 0.1$ e $\beta = 1.2$. Si ponga $\log c = 0.2$. La prossima impresa in ingresso ha valore di X pari a 0.9. Si determini:

(a) se l'impresa appartiene a A_1;

(b) la probabilità a posteriori che l'unità sia solvibile;

(c) a quale valore dell'indicatore di bilancio corrisponde il valore della soglia c e qual'è la probabilità a posteriori di solvilibilità.

1.2. Sia X una v.c. di interesse tale che $f_0(x)$ è una distribuzione normale con valore atteso μ_0 e varianza σ^2 e $f_1(x)$ è una distribuzione normale con valore atteso μ_1 e varianza σ^2. Sia $C(1|0) = C(0|1)$ e $P(Y = 1) = P(Y = 0)$:

(a) si verifichi che $s(x) = \log \frac{f_1(x)}{f_0(x)} = \frac{1}{\sigma^2}[(\mu_1 - \mu_0)x - \frac{1}{2}(\mu_1^2 - \mu_0^2)]$;

(b) si ponga $\mu_1 > \mu_0$ e si verifichi che la regione di accettazione A_1 può essere scritta come

$$A_1 = \left\{ x \mid x > \frac{\mu_1 + \mu_0}{2} \right\};$$

si determinino le probabilità di compiere un errore del primo e del secondo tipo.

1.3. Sia pari a 0.5 il rapporto dei costi $C(1|0)/C(0|1)$ e pari a 0.7 la probabilità a priori che un'impresa sia solvibile. Sia X una v.c. che descrive un indicatore di bilancio. La distribuzione condizionata $f_1(x)$ è una normale con valore atteso 50 e varianza pari a $\sigma_1^2 = 144$, mentre $f_0(x)$ è una normale con valore atteso 70 e $\sigma^2 = 25$. Il prossimo cliente in ingresso ha un valore dell'indicatore di bilancio X pari a 63:

(a) si decida se procedere al finanziamento o meno, sulla base del criterio che minimizza il costo atteso;

(b) si calcoli la probabilità a posteriori che tale impresa sia solvibile e si illustri come l'informazione sull'indicatore di bilancio modifica quella a priori.

1.4. Si dimostri che l'indice I_{ROC} e I_{CAP} coincidono.

1.5. Con riferimento al problema dell'esercizio 1.2, si verifichi che, nel caso in cui $\mu_0 = \mu_1 = \mu$, l'indice I_{ROC} è pari a zero.

Variabili casuali categoriali

2.1 Introduzione

Come abbiamo detto, le variabili casuali categoriali svolgono un ruolo fondamentale nei modelli statistici per il credit scoring. La principale variabile casuale categoriale è la variabile di classificazione. Tuttavia, variabili casuali categoriali si trovano spesso anche fra le variabili che delineano il profilo socio-economico dei soggetti: questo ne giustifica la trattazione in maniera approfondita, che è l'oggetto di questo capitolo.

In questo capitolo si indica con $f_{12...p}(x_1, x_2, \ldots, x_p)$ la funzione di densità congiunta delle variabili casuali $(X_1, X_2, \ldots, X_p)$, se queste sono continue. Parallelamente, si indica con $p_{12...p}(x_1, x_2, \ldots, x_p)$ la funzione di massa di probabilità congiunta delle variabili casuali $(X_1, X_2, \ldots, X_p)$ se queste sono discrete o categoriali. Una notazione esplicita è necessaria per trattare il caso delle distribuzioni condizionali. Ad esempio, si indica con $f_{12|3}(x_1, x_2 \mid x_3)$ o, analogamente, con $p_{12|3}(x_1, x_2 \mid x_3)$, la funzione di densità o di massa di probabilità di X_1 e X_2 condizionata a X_3.

Dopo avere introdotto, nel paragrafo 2.2, la nozione di indipendenza marginale e condizionata fra eventi e, nel paragrafo 2.3, la corrispondente nozione fra variabili casuali, si presentano nel paragrafo 2.4 le misure di associazione fra variabili casuali binarie. Queste sono successivamente estese, nel paragrafo 2.5, al caso più generale di variabili categoriali. Le misure presentate sono importanti non solo di per sé, ma anche perché andranno a formare i parametri del modello logistico. Il capitolo si conclude con una riflessione, sulla nozione di indipendenza condizionale fra variabili casuali e sulla relazione fra questa e l'indipendenza marginale, riportata nel paragrafo 2.6.

Stanghellini E.: Introduzione ai metodi statistici per il credit scoring.
© Springer-Verlag Italia 2009, Milano

2.2 Indipendenza fra eventi

Sia P la probabilità definita sullo spazio degli eventi associato ad un esperimento casuale e siano A, B, C eventi definiti in quello spazio. Si indichi con $\bar{A}$, $\bar{B}$ l'evento che si verifica se, in ordine, A, B non si verifica. La probabilità condizionata di A dato B è $P(A \mid B) = P(A \cap B)/P(B)$ ed è definita solo se $P(B) > 0$.

$\rightarrow$ *Definizione (indipendenza fra eventi).* Due eventi A e B sono indipendenti se:

- $P(A \cap B) = P(A)P(B)$.

Una definizione alternativa di eventi indipendenti fa uso della probabilità condizionata ed è applicabile solo se l'evento condizionante ha probabilità positiva. Essa è:

- $P(A \mid B) = P(A)$.

Nel seguito, due eventi A e B indipendenti verranno denotati con $A \perp\!\!\!\perp B$. Si noti che se $A \perp\!\!\!\perp B$ allora $A \perp\!\!\!\perp \bar{B}$ (si veda l'esercizio 2.1). Di conseguenza, la definizione di indipendenza fra due eventi si estende anche alla negazione degli eventi su cui è definita.

$\rightarrow$ *Definizione (indipendenza condizionata fra eventi).*

Siano A, B e C tre eventi con $P(C) > 0$. A e B sono indipendenti condizionatamente a C se e solo se:

- $P(A \cap B|C) = P(A|C)P(B|C)$.

Una definizione alternativa di eventi condizionatamente indipendenti fa uso della probabilità condizionata ed è definita se l'evento $(B \cap C)$ ha probabilità positiva. Essa è:

- $P(A|B \cap C) = P(A|C)$.

Nel seguito, due eventi A e B indipendenti condizionatamente a C sono denotati con $A \perp\!\!\!\perp B \mid C$. Questa definizione è una riscrittura della indipendenza fra eventi con le probabilità condizionate al posto delle probabilità marginali. Di conseguenza, se $A \perp\!\!\!\perp B \mid C$ allora $A \perp\!\!\!\perp \bar{B} \mid C$.

Tuttavia, $A \perp\!\!\!\perp B \mid C$ non implica nè è implicato da $A \perp\!\!\!\perp B \mid \bar{C}$. Il seguente esempio dà un'idea di un fenomeno che, nel contesto del credit scoring, può generare una tale situazione.

Esempio 2.1 *Sia A l'evento {il cliente è solvibile} B l'evento {il cliente ha almeno un figlio} e C l'evento {il cliente ha un'età inferiore a 55 anni}. È plausibile che per clienti con età superiore a 55 anni, l'essere solvibili sia indipendente dall'avere figli o meno, mentre tale indipendenza non valga in clienti con età inferiore a 55 anni.*

Si noti, inoltre, che l'indipendenza fra A e B condizionatamente a C non implica l'indipendenza marginale fra A e B. Questo fatto ha una spiegazione intuitiva nel caso in cui, ad esempio, C sia una causa comune di A e B, oppure B sia un evento che influenza C che a sua volta influenza A, come nel seguente esempio.

Esempio 2.2 *Sia A l'evento {il cliente è solvibile}, B l'evento {il cliente è libero professionista} e C l'evento {il cliente ha una fascia di reddito elevata}. Si supponga che un libero professionista ha una probabilità più elevata di posizionarsi su fasce alte di reddito di chi non lo è e, di conseguenza, di essere solvibile. Trascurando l'informazione sul reddito, si può concludere che i liberi professionisti sono migliori clienti degli altri. Tuttavia, il fattore determinante della solvibilità è il reddito.*

2.3 Indipendenza fra variabili casuali

$\rightarrow$ *Definizione (indipendenza marginale fra variabili casuali).* Due variabili casuali X_1 e X_2 sono indipendenti se e solo se:

- $f_{12}(x_1, x_2) = f_1(x_1)f_2(x_2)$ *per ogni* x_1 *e* x_2 (se continue);

- $p_{12}(x_1, x_2) = p_1(x_1)p_2(x_2)$ *per ogni* x_1 *e* x_2 (se discrete).

Una definizione equivalente è la seguente:

- $f_{1|2}(x_1 \mid x_2) = f_1(x_1)$ *per ogni* x_1 e x_2 t.c. $f_2(x_2) > 0$ (se continue);

- $p_{1|2}(x_1 \mid x_2) = p_1(x_1)$ *per ogni* x_1 e x_2 t.c. $p_2(x_2) > 0$ (se discrete).

Nel seguito, due v.c. indipendenti saranno indicate con $X_1 \perp\!\!\!\perp X_2$.

→ *Definizione (indipendenza condizionale fra variabili casuali).* Due variabili casuali X_1 e X_2 sono indipendenti condizionatamente a X_3 se e solo se (ci limitiamo per brevità al caso continuo):

- $f_{12|3}(x_1, x_2 \mid x_3) = f_{1|3}(x_1 \mid x_3) f_{2|3}(x_2 \mid x_3)$ *per ogni* x_1, x_2 e x_3 t.c. $f_3(x_3) > 0$.

Equivalenti formulazioni della definizione di indipendenza condizionale sono le seguenti (ci limitiamo per brevità al caso continuo):

- $f_{123}(x_1, x_2, x_3) = f_{13}(x_1, x_3) f_{23}(x_2, x_3)/f(x_3)$ *per ogni* x_1, x_2 e x_3 t.c. $f_3(x_3) > 0$.

- $f_{1|23}(x_1 \mid x_2, x_3) = f_{1|3}(x_1 \mid x_3)$ *per ogni* x_2 e x_3 t.c. $f_{23}(x_2, x_3) > 0$.

Un criterio molto utile per stabilire l'indipendenza condizionale fra variabili casuali è il criterio *di fattorizzazione*, che è anch'esso una riformulazione della definizione.

→ *Definizione (criterio di fattorizzazione).* Due variabili casuali X_1 e X_2 sono indipendenti condizionatamente a X_3 se e solo se (ci limitiamo per brevità al caso continuo):

- $f_{123}(x_1, x_2, x_3) = g_{13}(x_1, x_3) h_{23}(x_2, x_3)$ *per ogni* x_1, x_2 e *per ogni* x_3 t.c. $f_3(x_3) > 0$

con g e h funzioni qualsiasi.

La dimostrazione del criterio di fattorizzazione è lasciata per esercizio (si veda l'esercizio 2.2 per il caso continuo). Il criterio permette agevolmente di valutare l'indipendenza fra variabili casuali, dal momento che l'esistenza di una fattorizzazione della funzione di densità o di massa di probabilità congiunta in due funzioni qualsiasi è di facile derivazione. Un'applicazione del criterio di fattorizzazione al caso gaussiano è l'esercizio 2.3.

2.4 Misure di associazione

Sia X_1 una variabile casuale binaria con valori $\{0,1\}$ e $p_1(0) = P(X_1 = 0)$ e $p_1(1) = P(X_1 = 1)$. Si definisce *odds* di X_1 il seguente rapporto:

$$\mathrm{odds}(X_1) = \frac{p_1(1)}{p_1(0)}.$$

Non è difficile verificare che esso assume valori fra 0 e $+\infty$. Inoltre, cresce al crescere della $p_1(0)$ e assume valore 1 se i due eventi, $\{X_1 = 0\}$ e $\{X_1 = 1\}$, sono equiprobabili. In questo lavoro si assume che le variabili casuali siano non degeneri e che le funzioni di densità o di probabilità poste a denominatore delle grandezze in studio siano positive.

In seguito lavoreremo anche sul logaritmo naturale dell'odds, il *logit*, che è una trasformazione monotona dell'odds e varia fra $-\infty$ e $+\infty$; assume valore 0 se i due eventi sono equiprobabili, assume valori positivi se $p_1(1) >$ 0.5 e negativi altrimenti.

2.4.1 Il caso di due variabili casuali binarie

Siano X_1 e X_2 due variabili casuali binarie. La distribuzione congiunta può essere rappresentata dalla seguente tabella di contingenza:

X_1	X_2 = 0	X_2 = 1	Totale
0	$p_{12}(0,0)$	$p_{12}(0,1)$	$p_1(0)$
1	$p_{12}(1,0)$	$p_{12}(1,1)$	$p_1(1)$
Totale	$p_2(0)$	$p_2(1)$	1

Si definisca adesso l'odds di X_1 condizionato a $X_2 = 0$. Ovvero,

$$\mathrm{odds}(X_1 \mid X_2 = 0) = \frac{p_{1|2}(1 \mid 0)}{p_{1|2}(0 \mid 0)}.$$

Moltiplicando numeratore e denominatore per $p_2(0)$ si può agevolmente verificare che:

$$\mathrm{odds}(X_1 \mid X_2 = 0) = \frac{p_{12}(1,0)}{p_{12}(0,0)}.$$

In maniera analoga si definisca adesso l'odds di X_1 condizionato a $X_2 = 1$:

$$\text{odds}(X_1 \mid X_2 = 1) = \frac{p_{1|2}(1 \mid 1)}{p_{1|2}(0 \mid 1)} = \frac{p_{12}(1,1)}{p_{12}(0,1)}.$$

Il calcolo degli odds condizionati può farsi pertanto anche attraverso gli elementi della tabella di contingenza che descrive la distribuzione congiunta.

Un primo criterio per studiare la associazione fra X_1 e X_2 è quello di confrontare l'odds di X_1 condizionato a $X_2 = 0$ con l'odds di X_1 condizionato a $X_2 = 1$. Se sono uguali, allora sono anche uguali all'odds di X_1 valutato sulla distribuzione marginale. Vale infatti il seguente teorema:

$\rightarrow$ *Teorema.* Siano X_1 e X_2 due variabili casuali binarie. Se $\text{odds}(X_1 \mid X_2 = x_2) = a$, $x_2 = \{0, 1\}$, allora $\text{odds}(X_1) = a$.

Dimostrazione. Essendo $\text{odds}(X_1 \mid X_2 = 0) = \text{odds}(X_1 \mid X_2 = 1) = a$ allora

$$\begin{aligned}
p_{12}(1,0) &= a p_{12}(0,0) \\
p_{12}(1,1) &= a p_{12}(0,1)
\end{aligned} \tag{2.1}$$

Sommando termine a termine le due uguaglianze si ottiene

$$p_1(1) = a p_1(0)$$

e il risultato segue.

Si può pertanto concludere che la probabilità che X_1 assuma valore 1 non dipende dal valore di X_2. L'interpretazione direzionale data alla associazione sopra evidenziata tuttavia è meramente fittizia. Infatti, se $\text{odds}(X_1 \mid X_2 = 0) = \text{odds}(X_1 \mid X_2 = 1)$ allora anche gli odds di X_2 condizionati a X_1 sono uguali. Questo si può verificare nel modo seguente. Se

$$\frac{p_{12}(1,0)}{p_{12}(0,0)} = \frac{p_{12}(1,1)}{p_{12}(0,1)}$$

allora:

$$p_{12}(0,1) p_{12}(1,0) = p_{12}(0,0) p_{12}(1,1)$$

da cui

$$\frac{p_{12}(0,1)}{p_{12}(0,0)} = \frac{p_{12}(1,1)}{p_{12}(1,0)}$$

ovvero $\text{odds}(X_2 \mid X_1 = 0) = \text{odds}(X_2 \mid X_1 = 1)$.

Si definisce il rapporto degli odds, noto come *rapporto dei prodotti incrociati* che indicheremo con cpr dall'inglese *cross product ratio*:

$$\text{cpr}(X_1, X_2) = \frac{\text{odds}(X_1 \mid X_2 = 1)}{\text{odds}(X_1 \mid X_2 = 0)} = \frac{p_{12}(1,1)p_{12}(0,0)}{p_{12}(0,1)p_{12}(1,0)}.$$

Da quanto detto, il rapporto dei prodotti incrociati è una misura non direzionale di associazione. Essa è anche detta misura di *interazione*. Il seguente teorema mette in evidenza come l'uguaglianza fra i due odds condizionati implica che X_1 e X_2 sono indipendenti, e viceversa.

$\rightarrow$ *Teorema.* Siano X_1 e X_2 due variabili casuali binarie. Allora, $\text{cpr}(X_1, X_2) = 1$ se e solo se X_1 e X_2 sono indipendenti.

Dimostrazione. Se sono indipendenti $p_{12}(x_1, x_2) = p_1(x_1)p_2(x_2)$ per ogni valore di x_1 e x_2. Per cui:

$$\text{cpr} = \frac{p_{12}(0,0)p_{12}(1,1)}{p_{12}(0,1)p_{12}(1,0)} = \frac{p_1(0)p_2(0)p_1(1)p_2(1)}{p_1(0)p_2(1)p_1(1)p_2(0)} = 1.$$

Viceversa, se $\text{cpr}(X_1, X_2) = 1$ allora, dal Teorema precedente, $\text{odds}(X_1 \mid x_2) = \text{odds}(X_1)$, per ogni $x_2 \in \{0,1\}$. Pertanto, per ogni $x_1 \in \{0,1\}$ e $x_2 \in \{0,1\}$:

$$\frac{1 - p_{1|2}(x_1 \mid x_2)}{p_{1|2}(x_1 \mid x_2)} = \frac{1 - p_1(x_1)}{p_1(x_1)}$$

da cui

$$\frac{1}{p_{1|2}(x_1 \mid x_2)} = \frac{1}{p_1(x_1)}$$

e il risultato segue.

Esempio 2.3 *Consideriamo la seguente distribuzione ipotetica di probabilità:*

	X_2		
X_1	0	1	Totale
0	0.05	0.15	0.2
1	0.20	0.60	0.8
Totale	0.25	0.75	1

Il rapporto dei prodotti incrociati è pari a:

$$\frac{0.05 \times 0.6}{0.15 \times 0.2} = 1$$

che indica che X_1 e X_2 sono variabili casuali indipendenti.

Esempio 2.4 *Si consideri la seguente distribuzione ipotetica di probabilità. La variabile* Solvibilità *assume valore '1' se il cliente è solvibile e '0' altrimenti e la variable* Proprietà *assume valore '1' se è proprietario di abitazione e '0' altrimenti:*

	Proprietà		Totale
Solvibilità	0	1	
0	0.3	0.1	0.4
1	0.3	0.3	0.6
Totale	0.6	0.4	1

L'odds che un cliente non proprietario di abitazione sia solvibile è pari a 1, mentre l'odds che un cliente proprietario sia solvibile è pari a 3. La probabilità che un cliente sia solvibile varia a seconda del fatto che questo sia proprietario o meno di abitazione: nella prima distribuzione è infatti pari a 0.50 (ovvero il 50% dei clienti non proprietari di abitazione sono clienti solvibili), mentre nella seconda è pari a 0.75 (il 75% dei clienti proprietari di abitazione sono clienti solvibili). Come questo esempio evidenzia, il confronto fra le due probabilità $p_{12}(1,0)$ e $p_{12}(1,1)$ (in questo caso uguali fra loro e pari a 0.30) conduce a conclusioni errate. Il confronto infatti non tiene conto della distribuzione marginale che un cliente sia o meno proprietario di abitazione, che in questo esempio è sbilanciata a favore dell'essere non proprietari, essendo questi il 60% della popolazione.

Si noti che la interpretazione direzionale della associazione nell'esempio precedente deriva dalle nostre informazioni *a priori* sui fenomeni in studio, secondo cui la proprietà della abitazione è una variabile potenzialmente esplicativa della solvibilità di un cliente e non il viceversa. Tuttavia, vi possono essere studi in cui è plausibile che la relazione sia inversa, nel caso in cui, ad esempio, la proprietà della abitazione sia misurata ad un istante successivo rispetto alla solvibilità.

2.4.2 Il caso di tre variabili casuali binarie

Siano X_1, X_2 e X_3 tre variabili casuali binarie. La distribuzione congiunta può essere sintetizzata con una tabella di contingenza a tre entrate, come quella seguente:

$X_3 = 0$	X_2		Totale
X_1	0	1	
0	$p_{123}(0,0,0)$	$p_{123}(0,1,0)$	$p_{13}(0,0)$
1	$p_{123}(1,0,0)$	$p_{123}(1,1,0)$	$p_{13}(1,0)$
Totale	$p_{23}(0,0)$	$p_{23}(1,0)$	$p_3(0)$

$X_3 = 1$	X_2		Totale
X_1	0	1	
0	$p_{123}(0,0,1)$	$p_{123}(0,1,1)$	$p_{13}(0,1)$
1	$p_{123}(1,0,1)$	$p_{123}(1,1,1)$	$p_{13}(1,1)$
Totale	$p_{23}(0,1)$	$p_{23}(1,1)$	$p_3(1)$

Si definisce rapporto dei prodotti incrociati di X_1 e X_2 condizionatamente a $X_3 = x_3$ il seguente:

$$\mathrm{cpr}(X_1, X_2 \mid X_3 = x_3) = \frac{p_{12\mid 3}(1,1 \mid x_3)p_{12\mid 3}(0,0 \mid x_3)}{p_{12\mid 3}(0,1 \mid x_3)p_{12\mid 3}(1,0 \mid x_3)}$$

$$= \frac{p_{123}(1,1,x_3)p_{123}(0,0,x_3)}{p_{123}(0,1,x_3)p_{123}(1,0,x_3)}.$$

Di conseguenza, una naturale estensione della misura di associazione fra due variabili binarie al caso di tre variabili binarie è il seguente rapporto di rapporti dei prodotti incrociati:

$$\frac{\mathrm{cpr}(X_1, X_2 \mid X_3 = 1)}{\mathrm{cpr}(X_1, X_2 \mid X_3 = 0)} = \frac{p_{123}(1,1,1)p_{123}(0,0,1)p_{123}(0,1,0)p_{123}(1,0,0)}{p_{123}(0,1,1)p_{123}(1,0,1)p_{123}(1,1,0)p_{123}(0,0,0)}.$$

Esso è uguale ad uno se il rapporto dei prodotti incrociati di X_1 e X_2 nella tabella condizionata di $X_3 = 0$ è uguale all'analogo nella tabella condizionata di $X_3 = 1$. Dalla formulazione precedente, è possibile verificare che:

$$\frac{\mathrm{cpr}(X_1, X_2 \mid X_3 = 1)}{\mathrm{cpr}(X_1, X_2 \mid X_3 = 0)} = \frac{\mathrm{cpr}(X_1, X_3 \mid X_2 = 1)}{\mathrm{cpr}(X_1, X_3 \mid X_2 = 0)} = \frac{\mathrm{cpr}(X_2, X_3 \mid X_1 = 1)}{\mathrm{cpr}(X_2, X_3 \mid X_1 = 0)},$$

ovvero anche questa è una misura di associazione che considera le tre variabili sullo stesso piano. Per questo, il rapporto di rapporti dei prodotti incrociati è visto come una misura di interazione fra tre variabili.

Si verifica agevolmente (si veda l'esercizio 2.6) che se $\mathrm{cpr}(X_1, X_2 \mid X_3 = x_3) = 1$ per ogni $x_3 \in \{0,1\}$ allora $X_1 \perp\!\!\!\perp X_2 \mid X_3$ e viceversa.

La generalizzazione ad un numero p qualsiasi di variabili binarie segue la logica, adesso delineata, della costruzione di rapporti fra misure di interazione di ordine $p-1$ condizionate alle modalità della variabile esclusa. Anche in questo caso, l'ordine del condizionamento è irrilevante. Si può pertanto definire, attraverso rapporti consecutivi, una misura di associazione di un generico ordine.

2.5 Indipendenza e associazione

In questa sezione si estendono le misure di associazione viste in precedenza a tre situazioni. La prima è quando si hanno due variabili X_1 e X_2, in cui la prima è binaria e la seconda assume un numero generico I_2 di modalità. La seconda è quando si hanno tre variabili casuali X_1 X_2 e X_3 in cui X_2 e X_3 hanno un numero generico di modalità, I_2 e I_3. Infine consideriamo la situazione generica in cui vi è un numero p, $p > 3$, di variabili casuali categoriali. Non rimuoveremo mai l'ipotesi che X_1 sia binaria. Seguiremo, inoltre, la convenzione di indicare le modalità di una generica variabile $X_j \in \{0, 1, 2, \ldots, I_j - 1\}$.

2.5.1 Una variabile casuale binaria e una variabile casuale categoriale

Siano X_1 e X_2 due variabili casuali categoriali, con X_1 binaria e X_2 che assume $I_2 > 2$ modalità. Ad esempio, se $I_2 = 3$ la distribuzione doppia può essere sintetizzata attraverso la seguente tabella a doppia entrata:

	X_2			Totale
X_1	0	1	2	
0	$p_{12}(0,0)$	$p_{12}(0,1)$	$p_{12}(0,2)$	$p_1(0)$
1	$p_{12}(1,0)$	$p_{12}(1,1)$	$p_{12}(1,2)$	$p_1(1)$
Totale	$p_2(0)$	$p_2(1)$	$p_2(2)$	1

Un modo naturale di procedere per studiare l'associazione fra X_1 e X_2 è quello di scegliere una modalità di X_2 come riferimento e confrontare gli odds condizionati alle altre modalità con quella di riferimento. La convenzione adottata in questo lavoro è che la modalità di riferimento è quella associata al valore '0'. Questo implica il calcolo di un odds condizionato e di $I_2 - 1$ cpr nelle corrispondenti $I_2 - 1$ sottotabelle 2×2 così evidenziate:

$$X_2$$

X_1	0	r
0	$p_{12}(0,0)$	$p_{12}(0,r)$
1	$p_{12}(1,0)$	$p_{12}(1,r)$

È possibile mostrare, in estensione del teorema precedente, il seguente:

$\rightarrow$ *Teorema.* Sia X_1 una v.c. binaria e X_2 una v.c. categoriale con I_2 livelli. Se odds$(X_1 \mid X_2 = x_2) = a$ per ogni x_2, allora odds$(X_1) = a$.

Dimostrazione. La dimostrazione segue da vicino quella dell'analogo teorema relativo al caso binario ed è lasciata per esercizio.

Si noti che l'uguaglianza degli I_2 odds condizionati implica che gli $I_2 - 1$ cpr sono pari ad uno. Vale pertanto il seguente teorema:

$\rightarrow$ *Teorema.* Sia X_1 una v.c. binaria e X_2 una v.c. categoriale con I_2 livelli. Se gli $I_2 - 1$ cpr sono pari ad uno allora le due v.c. sono indipendenti e viceversa.

Dimostrazione. La dimostrazione segue da vicino quella dell'analogo teorema relativo al caso binario ed è lasciata per esercizio.

2.5.2 Il caso di più variabili casuali categoriali

Possiamo definire per estensione le misure di associazione nel caso in cui X_1, X_2, X_3 variabili casuali categoriali, con X_1 binaria X_2 e X_3 categoriali con livelli, rispettivamente, $I_2 > 2$ e $I_3 > 2$. Per ogni modalità $X_3 = x_3$ avremo una tabella a doppia entrata:

$X_3 = x_3$	X_2			Totale
X_1	0	1	2	
0	$p_{123}(0,0,x_3)$	$p_{123}(0,1,x_3)$	$p_{123}(0,2,x_3)$	$p_{13}(0,x_3)$
1	$p_{123}(1,0,x_3)$	$p_{123}(1,1,x_3)$	$p_{123}(1,2,x_3)$	$p_{13}(1,x_3)$
Totale	$p_{23}(0,x_3)$	$p_{23}(1,x_3)$	$p_{23}(2,x_3)$	$p_3(x_3)$

In ogni modalità $X_3 = x_3$, si calcola l'odds$(X_1 \mid X_2 = 0, X_3 = x_3)$. Inoltre, si calcolano gli $I_2 - 1$ rapporti dei prodotti incrociati nel modo visto in precedenza. Queste misure forniscono un'informazione sulla associazione fra X_1 e X_2 condizionatamente a $X_3 = x_3$.

Per valutare come queste misure di associazione variano nei livelli di X_3, si raffrontano, mediante rapporto, con le analoghe grandezze valutate nella tabella con $X_3 = 0$. I raffronti non ridondanti da effettuare saranno pertanto $(I_2 - 1)(I_3 - 1)$. Si verifica agevolmente che, anche in questo caso, le misure sono invarianti rispetto all'ordinamento delle variabili casuali.

Nel caso in cui vi siano più di tre variabili causali, la costruzione delle misure di associazione segue le linee adesso delineate. Nel caso ad esempio di $p = 4$ con X_1 binaria, i raffronti non ridondanti saranno $(I_2 - 1)(I_3 - 1)(I_4 - 1)$.

2.6 Sulla indipendenza marginale e condizionale*

Un modo intuitivo di trattare l'indipendenza condizionale fra variabili casuali categoriali è il seguente: X_1 e X_2 sono indipendenti condizionatamente a X_3 quando sono indipendenti in ognuna delle I_3 sottotabelle ottenute condizionando ai livelli di X_3. Pertanto, se vale l'indipendenza condizionale, avremo:

$$p_{123}(x_1, x_2, x_3) = p_{13}(x_1, x_3)p_{23}(x_2, x_3)/p_3(x_3)$$

per ogni valore x_1, x_2 e x_3. L'indipendenza condizionale non implica l'indipendenza marginale fra X_1 e X_2. Infatti gli elementi della tabella marginale $p_{12}(x_1, x_2)$ sono uguali a $\sum_{x_3} p_{123}(x_1, x_2, x_3)$ e la sommatoria non preserva la struttura di indipendenza, per cui

$$p_{12}(x_1, x_2) = \sum_{x_3} [p_{13}(x_1, x_3)p_{23}(x_2, x_3)/p_3(x_3)] \neq p_1(x_1)p_2(x_2).$$

L'uguaglianza fra la prima e l'ultima grandezza dell'espressione precedente è la condizione di indipendenza marginale fra X_1 e X_2. Per quanto ciò possa sembra a prima vista strano, in realtà ha una sua spiegazione: si pensi ad esempio ad un meccanismo di generazione dei dati in cui X_3 influenza sia X_1 che X_2 oppure X_3 influenza X_2 il quale a sua volta influenza X_1. Il seguente esempio può chiarire quanto detto.

Esempio 2.5 *(segue da 2.2) Sia* Solvibilità *la variabile casuale che assume modalità 'B' se il cliente è solvibile e 'C' altrimenti, sia* Reddito *la variabile casuale che misura il reddito del soggetto, con modalità: '1' se maggiore di 60000 euro annuali, '0' altrimenti. Sia* Professione *la variabile casuale che descrive la professione, con valore '1' se libero professionista e '0' altrimenti. Supponiamo che la distribuzione di probabilità congiunta sia la seguente:*

| Reddito=0 | Professione | | Totale |
Solvibilità	0	1	
C	0.05	0.05	0.10
B	0.15	0.15	0.30
Totale	0.20	0.20	0.40

| Reddito=1 | Professione | | Totale |
Solvibilità	0	1	
C	0.30	0.10	0.40
B	0.15	0.05	0.20
Totale	0.45	0.15	0.60

Come si può notare, nelle due distribuzioni condizionate alla v.c Reddito, *vi è indipendenza fra* Professione *e* Solvibilità. *Tuttavia, lo studio della distribuzione marginale delle variabili casuali* Solvibilità *e* Professione *denota una elevata associazione. Infatti:*

| | Professione | | Totale |
Solvibilità	0	1	
C	0.35	0.15	0.50
B	0.30	0.20	0.50
Totale	0.65	0.35	1

Il rapporto dei prodotti incrociati di questa tabella è pari a 1.56, che denota che la probabilità che i liberi professionisti siano clienti solvibili è maggiore della analoga probabilità degli altri. Se escludessimo dal credito coloro che non sono liberi professionisti perderemmo una parte di clienti solvibili costituita da coloro che non sono liberi professionisti ma si posizionano nella fascia di reddito elevata. Questi costituiscono il 15% della popolazione.

L'esempio precedente ha una spiegazione mediante un meccanismo che genera i dati, secondo il quale i liberi professionisti tendono ad avere un reddito più alto degli altri. Il reddito è la sola variabile esplicativa della solvibilità e pertanto, dato il reddito, la professione non ha influenza su di essa. Tuttavia se trascuriamo l'informazione relativa al reddito, è logico che la professione abbia una influenza sulla solvibilità, nella direzione che privilegia i liberi professionisti.

Il seguente esempio invece evidenzia un fenomeno diverso, e può risultare controintuitivo.

Esempio 2.6 *Consideriamo la seguente distribuzione di probabilità:*

| Proprietà=0 | Stato civile | | Totale |
Solvibilità	1	2	
C	0.1	0.1	0.2
B	0.2	0.1	0.3
Totale	0.3	0.2	0.5

| Proprietà=1 | Stato civile | | Totale |
Solvibilità	1	2	
C	0.1	0.1	0.2
B	0.1	0.2	0.3
Totale	0.2	0.3	0.5

Nella prima tabella, il cpr è pari a 0.5, ovvero, se un cliente non è proprietario di abitazione l'odds che sia solvibile, se Stato Civile= 1, *è pari alla metà dell' analogo odds se* Stato Civile= 2. *Il cpr nella seconda tabella, pari a 2, indica che se un cliente è proprietario accade esattamente il contrario.*

Valutiamo adesso le due distribuzioni marginali di interesse:

| | Stato civile | | Totale |
Solvibilità	1	2	
C	0.2	0.2	0.4
B	0.3	0.3	0.6
Totale	0.5	0.5	1

	Proprietà		Totale
Solvibilità	Sì	No	
C	0.2	0.2	0.4
B	0.3	0.3	0.6
Totale	0.5	0.5	1

In entrambe le distribuzioni marginali i cpr sono pari a 1. Sulla base delle sole analisi delle distribuzioni marginali potremmo essere portati a concludere che sia la proprietà dell'abitazione che lo stato civile non hanno influenza sulla probabilità che un cliente sia solvibile.

L'esempio precedente è un caso particolare di un fenomeno, che in letteratura è noto come paradosso di Simpson. In questo caso, la spiegazione può trovarsi nel fatto che gli elementi delle due tabelle marginali sono ottenuti sommando lungo la terza dimensione e questa operazione di sommatoria non preserva la struttura di associazione della distribuzione congiunta.

La teoria appena descritta mette in evidenza che l'analisi delle associazioni fra variabili casuali categoriali deve essere effettuata attraverso un numero elevato di raffronti che la rendono particolarmente complessa. Come vedremo, un modello statistico ha, in primo luogo, la capacità di sintetizzare tutti i raffronti non ridondanti mediante una unica equazione. Tuttavia, questo non è l'unico obbiettivo che vogliamo perseguire. Infatti, per esigenze sia di costo che di precisione delle analisi, occorre una strumentazione che ci consenta di valutare quali criteri di classificazione risultano determinanti nella definizione del profilo del cliente ottimale, ed escludere quelli che non risultano significativi. La teoria statistica che andremo ad illustrare permette di valutare se l'effetto di una variabile casuale può essere considerato non rilevante, o se invece la sua introduzione nel modello migliora la capacità di discriminare fra clienti solvibili e clienti non solvibili.

2.7 Note bibliografiche

La presentazione in questo capitolo segue da vicino quella in Whittaker (1990, cap. 2) a cui rimandiamo per approfondimenti. Si veda anche Lauritzen (1996, capp. 3 e 4). Vi è un largo dibattito in letteratura sulla relazione fra associazione direzionale o non direzionale, in cui si affronta il problema sia dal punto di vista teorico (valutando, ad esempio, sotto quali condizioni una associazione osservabile fra due variabili può essere ritenuta direzionale) che dal punto di vista applicativo. In questo libro riterremo la direzione delle associazioni determinata a priori, sulla base delle nostre conoscenze del contesto in studio. Per una introduzione al problema si rimanda, fra gli altri, a Edwards (2000, cap. 8) e ai riferimenti bibliografici in esso contenuti.

Le misure di associazione qui introdotte sono solo alcune delle misure di associazione per variabili categoriali (si veda Agresti, 2002, cap. 2) e sono quelle più utilizzate quando le modalità delle variabili categoriali non sono ordinabili. Come vedremo nel prossimo capitolo, queste grandezze si traducono in parametri del modello logistico. Altre scelte e, di conseguenza, altre parametrizzazioni di modelli statistici, possono essere di interesse nell'ambito del credit scoring (si veda, ad esempio, Stanghellini, 2003).

Per approfondimenti sul paradosso di Simpson si possono consultare i seguenti libri: Christensen, (1997, cap. 3), Edwards (2000, cap. 1), oppure Agresti (2002, cap. 2).

Problemi

2.1. Si verifichi che se A e B sono due eventi indipendenti allora anche A e $\bar{B}$ sono due eventi indipendenti.

2.2. Siano X_1, X_2, X_3 variabili casuali tali che $X_1 \perp\!\!\!\perp X_2 \mid X_3$. Si dimostri la validità del criterio di fattorizzazione.

2.3. Sia $X = (X_1, \ldots, X_p)^T$ un vettore di p variabili casuali con distribuzione congiuntamente normale (si veda Appendice A). Siano σ_{jl} e σ^{jl}, nell'ordine, un generico elemento fuori diagonale di $\boldsymbol{\Sigma}$ e di $\boldsymbol{\Sigma}^{-1}$. Si verifichi che $\sigma^{jl} = 0$ se e solo se $X_j \perp\!\!\!\perp X_l \mid X_{\text{resto}}$ dove con X_{resto} si intende le variabili in X meno X_j e X_l. Si verifichi inoltre che $\sigma_{jl} = 0$ se e solo se $X_j \perp\!\!\!\perp X_l$.

2.4. Siano X_1 e X_2 due variabili casuali binarie. Si dica come cambia il $\text{cpr}(X_1, X_2)$ se invertiamo le categorie di X_1.

2.5. Si calcoli il rapporto dei cpr della distribuzione dell'esempio 2.6.

2.6. Siano X_1, X_2 e X_3 tre variabili casuali binarie. Si dimostri che se $X_1 \perp\!\!\!\perp X_2 \mid X_3$ allora $\text{cpr}(X_1, X_2 \mid X_3 = x_3) = 1$ per ogni $x_3 \in \{0,1\}$ e viceversa.

3

Il modello logistico

3.1 Introduzione

Questo capitolo vuole introdurre il lettore al modello logistico nell'ambito del credit scoring. La distribuzione di interesse è quella della variabile casuale di classificazione, che qui indicheremo con Y, condizionata ai valori $\mathbf{x} = (x_1, x_2, \ldots, x_p)$ delle variabili esplicative. In questo contesto, il modello logistico è una funzione che lega lo score $s(\mathbf{x})$, introdotto nel primo capitolo, alle esplicative $\mathbf{x}$, in una forma che, come vedremo in dettaglio, è lineare nei parametri.

Dal momento che le variabili maggiormente utilizzate nel credit scoring sono qualitative o categoriali, nel paragrafo 3.2 si illustra una codifica che permette di introdurre queste variabili nel modello e si propone una interpretazione intuitiva del modello, attraverso la nozione di modello saturo, ovvero il modello che riproduce esattamente le informazioni nel campione. Nel paragrafo 3.3 si richiama il modello di regressione lineare semplice. Dopo una definizione formale del modello logistico, che permetta di attribuire un chiaro significato ai parametri del modello, si illustra il problema della stima attraverso il metodo della massima verosimiglianza. Questi argomenti sono trattati nei paragrafi che vanno dal 3.4 al 3.6.

Vi è una relazione inversa fra la capacità del modello di riprodurre le osservazioni del campione di sviluppo, magari aggiungendo ulteriori termini che lo avvicinano al modello saturo, e la ricchezza della interpretazione che questo suggerisce. Quest'ultima, oltre ad avere un valore di per sé, si riflette anche in una migliore capacità del modello di classificare le prossime unità in ingresso. Risulta pertanto importante disporre di una procedura statistica rigorosa che permetta di porre a confronto sia il modello statistico con i dati, sia due modelli statistici fra di loro. Questi argomenti sono affrontati

Stanghellini E.: Introduzione ai metodi statistici per il credit scoring.
© Springer-Verlag Italia 2009, Milano

nei paragrafi 3.7 e 3.8, e vengono applicati nelle procedure per la scelta del migliore modello, descritte nel paragrafo 3.9. La verifica della qualità dello strumento di classificazione e il confronto con la classificazione casuale sono affrontati nel paragrafo 3.10. Un problema tipico del credit scoring è lo sbilanciamento della distribuzione marginale della risposta. Questo dà luogo a tabelle sparse. Nel paragrafo 3.11 si presenta un test per valutare la bontà del modello in questo contesto. Infine, nel paragrafo 3.12 si illustra la procedura di stima attraverso il bilanciamento del campione secondo la risposta. Una analisi applicativa nel paragrafo 3.13 conclude il capitolo.

3.2 Le variabili *dummy*

Come anticipato nel primo capitolo, tipicamente le variabili utilizzate nel credit scoring sono categoriali. Un modo di trattare queste variabili è di trasformarle in variabili binarie attraverso le variabili *dummy*, o indicatori. Ad esempio, al posto di una variabile categoriale X che descrive lo stato civile (con modalità '0' se non sposato, '1' se sposato, '2' se divorziato o separato, '3' se non ricade in alcuna delle precedenti modalità) si utilizza: una variabile dummy D_1 che vale '1' se il soggetto è sposato e '0' altrimenti; una variabile dummy D_2 che vale '1' se il soggetto è divorziato o separato e '0' altrimenti, una variabile D_3 che vale '1' se il soggetto non ricade in nessuna delle precedenti modalità e '0' altrimenti. Si noti che si è omessa la dummy D_0 associata al livello '0', poiché questa è ridondante: infatti, un soggetto non sposato sarà caratterizzato da valori '0' sulla D_1, D_2 e D_3.

In generale, si abbia una variabile categoriale con I modalità che codifichiamo con $\{0, 1, \ldots, r, \ldots, I - 1\}$. Questa variabile viene dilatata in $I - 1$ variabili binarie D_r, $r \in \{1, \ldots, r, \ldots, I - 1\}$, tali che $D_r = 1$ se l'unità assume valore r e $D_r = 0$ altrimenti. L'inclusione di tutte le dummy genera problemi di stima dei modelli, se questi, come naturale, includono il termine costante. In questo lavoro, pertanto, assumiamo che la dummy omessa è quella associata al livello '0'. Nel paragrafo 3.13 parleremo della scelta del livello '0', detto anche livello di riferimento.

Esempio 3.1 *(segue da 1.3) Si codifichino le variabili qualitative mediante variabili dummy:*

Proprietà	Reddito	$D_1^{X_1}$	$D_1^{X_2}$	$D_2^{X_2}$	n_i	w_i
No	0	0	0	0	3747	1517
No	1	0	1	0	3811	1370
No	2	0	0	1	2134	758
Sì	0	1	0	0	1420	576
Sì	1	1	1	0	2065	708
Sì	2	1	0	1	1972	634

in cui $D_1^{X_1}$ è la variabile indicatore della variabile Proprietà *(costruita ponendo come livello di riferimento la modalità 'No'), $(D_1^{X_2}, D_2^{X_2})$ sono le dummy della seconda e terza modalità della variabile* Età. *Si indichi come successo l'evento {la carta di credito è attiva al 31/12/1998}. Per ogni riga i della tabella precedente, n_i è la frequenza assoluta delle unità nel campione di campione di sviluppo che presentano la corrispondente configurazione delle variabili esplicative e w_i è la somma dei successi nelle n_i unità.*

Come vedremo, le colonne formate dalle variabili dummy vanno a comporre una matrice $\mathbf{X}$, detta matrice del disegno (talvolta comprensiva della colonna costante, tipicamente la prima, ovvero $x_{i1} = 1$ per ogni i). Sia Y la v.c. Bernoulli che assume valore 1 in caso di successo. Ad ogni riga i della tabella di contingenza ottenuta dalla classificazione congiunta delle esplicative, possiamo associare n_i ripetizioni di un esperimento di Bernoulli (si veda l'Appendice A) con valore atteso incognito che varia in funzione delle esplicative. Il numero totale dei successi in ogni cella i è w_i. Si noti che w_i è la somma delle variabili casuali Y in tutte le unità con configurazione i. Alternativamente, e questo ci avvicina ancora di più alla struttura del modello logistico, possiamo associare alla i-esima riga un unico esperimento di una variabile casuale binomiale relativa (si veda l'Appendice A) dimensione n_i e valore atteso incognito funzione delle esplicative.

Un primo modello, pertanto, è quello che pone come stima della probabilità di successo, in ogni configurazione i delle esplicative, la frequenza relativa di successo osservata nel campione, data dal rapporto w_i/n_i. Questo modello ha tanti parametri quante le righe di $\mathbf{X}$ e non impone nessuna semplificazione nella relazione fra probabilità di successo e le esplicative, ed è pertanto detto *saturo*.

Nel caso in cui nelle esplicative vi sia una variabile continua, a meno di arrotondamenti, ogni osservazione risulta avere valori diversi dalle altre. In tal caso, per ogni configurazione i delle variabili esplicative $n_i = 1$, ovvero si ha un'unica estrazione di un esperimento bernoulliano o, anche, una estrazione di una binomiale relativa di dimensione $n_i = 1$. In tal caso, $w_i = y_i$, con $y_i \in \{0, 1\}$ il valore osservato di Y nell'i-esima unità. Nel seguito, indicheremo con $n = \sum n_i$ la numerosità del campione di campione di sviluppo e con N il numero di righe della tabella di contingenza ottenuta dalla classificazione delle unità dello stesso campione secondo le variabili esplicative. Ovviamente, le due grandezze coincidono se $n_i = 1$ per ogni i.

3.3 Il modello di regressione lineare semplice: richiami

In questo paragrafo si richiamano alcune nozioni della regressione lineare, necessarie alla comprensione del modello logistico. Sia Y una variabile di risposta continua e X una variabile continua esplicativa. Il modello di regressione lineare assume che:

$$Y = a + bx + \varepsilon$$

in cui ε è una variabile casuale continua che esprime l'effetto di fattori non osservati che concorrono alla formazione del valore di Y in maniera additiva. Si suppone inoltre $E(\varepsilon) = 0$ e $Var(\varepsilon) = \sigma^2$. La prima ipotesi implica che il valore atteso della distribuzione di Y condizionato a $X = x$ è dato da:

$$E(Y \mid X = x) = a + bx. \tag{3.1}$$

La seconda ipotesi implica che la varianza di ogni distribuzione condizionata è costante. I coefficienti a e b sono detti *coefficienti di regressione*. In particolare, il coefficiente b esprime la variazione sul valore atteso dovuta ad un incremento unitario di x. Il modello di regressione lineare si estende al caso generico di più variabili esplicative, si veda l'Appendice B.

Nel contesto in studio, la v.c. di risposta è dicotomica. Se codifichiamo i valori che essa assume in 0 e 1, la Y ha una distribuzione di Bernoulli. In tal caso, volendo mantenere il parallelismo con il modello di regressione semplice (3.1), il valore atteso condizionato $E(Y \mid X = x) = P(Y = 1 \mid X = x) = \pi(x)$. In questo caso vi sono due ordini di problemi.

$\rightarrow$ *Il valore atteso condizionato.* Il valore atteso condizionato $E(Y \mid X = x) = \pi(x)$ è una probabilità e, pertanto, deve essere compreso fra 0 e 1. A meno di non introdurre vincoli sui parametri a e b, il modello di regressione lineare non assicura che il valore atteso sia compreso in questo intervallo. Infatti, per valori di x sufficientemente grandi, o sufficientemente piccoli, può verificarsi che $\pi(x) < 0$ oppure $\pi(x) > 1$. Di conseguenza, il modello può essere valido in un intervallo ristretto di valori della esplicativa x in cui $\pi(x)$ è compreso fra 0 e 1. Anche in questo caso, tuttavia, l'ipotesi di linearità nell'andamento di $\pi(x)$ può non essere rispettata per valori di $\pi(x)$ vicini a 0 e 1. In molti fenomeni, in particolare quelli economici, infatti, l'incremento di $\pi(x)$ varia con x e tende a diminuire nei dintorni dei valori limite.

$\rightarrow$ *La varianza condizionata.* L'ipotesi di varianza costante, detta anche di omoschedasticità, della distribuzione condizionata è violata, dal momento che $Var(Y \mid X = x) = \pi(x)[1-\pi(x)]$ e pertanto la varianza condizionata varia con x. Essa tende a zero nei valori di X in cui $\pi(x)$ tende a zero e ad uno. Inoltre è massima nei valori di x in cui $\pi(x) = 0.5$. Questo fatto comporta che le stime del modello di regressione lineare ottenute mediante il metodo dei minimi quadrati ordinari non hanno proprietà ottimali.

Per questi motivi, nell'ambito del credit scoring è opportuno considerare una classe di modelli diversa.

3.4 Il modello logistico semplice

Sia Y una variabile risposta con distribuzione Bernoulli e X una variabile esplicativa. Si indichi con $\pi(x) = P(Y = 1 \mid X = x) = 1 - P(Y = 0 \mid X = x)$. Pertanto: $\pi(0) = P(Y = 1 \mid X = 0)$ e $\pi(1) = P(Y = 1 \mid X = 1)$. Si indichi con $\text{logit}[\pi(x)]$ la grandezza:

$$\text{logit}[\pi(x)] = \log \frac{P(Y = 1 \mid X = x)}{P(Y = 0 \mid X = x)}.$$

Essa è il logaritmo dell'odds di Y condizionato a X e varia fra $-\infty$ e $+\infty$; vale 0 quanto la probabilità condizionata di successo è 0.5. Il modello logistico semplice è il seguente:

$$\text{logit}[\pi(x)] = \log \frac{\pi(x)}{1 - \pi(x)} = \alpha + \beta x.$$

Come si può agevolmente verificare, se $\beta > 0$ allora $\pi(x)$ tende ad 1 al crescere di x. Altrimenti, se $\beta < 0$ allora $\pi(x)$ tende a 0 al crescere di x. Se

$\beta = 0$ allora $\pi(x)$ è costante rispetto a x, ovvero Y e X sono indipendenti. Risolvendo rispetto a $\pi(x)$:

$$\pi(x) = \frac{\exp(\alpha + \beta x)}{1 + \exp(\alpha + \beta x)}.$$

Questo modello è detto *modello logistico semplice*. L'interpretazione di α e β varia a seconda della natura di X.

(a) Se X è continua possiamo calcolare $d\pi(x)/dx = \beta\pi(x)[1 - \pi(x)]$ che esprime la velocità con cui la $\pi(x)$ tende a 0 o ad 1. Si può osservare che la velocità con cui tende a 0 è la stessa con cui tende a 1. Inoltre, il punto più ripido della curva è in corrispondenza della x t.c. $\pi(x) = 0.5$. Questo punto è dato da $-\alpha/\beta$. In Figura 3.1 è riportato il grafico di una funzione logistica con $\alpha = 0.7$ e $\beta = 0.5$.

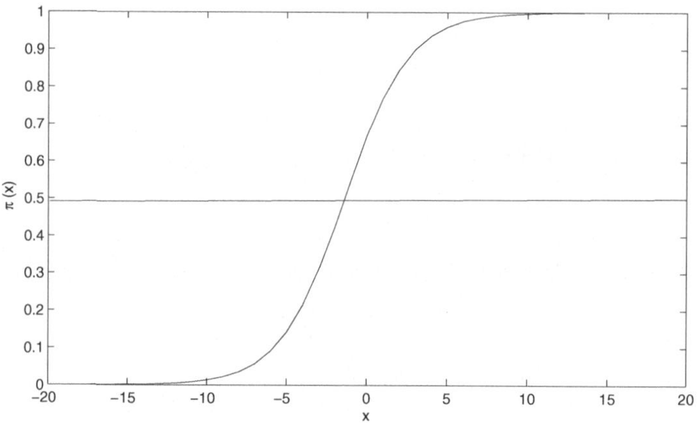

Figura 3.1. *Un esempio di funzione logistica con* $\alpha = 0.7$ *e* $\beta = 0.5$

(b) Supponiamo adesso che X sia binaria. Avremo:

$$\mathrm{logit}[\pi(x)] = \log \frac{\pi(x)}{1 - \pi(x)} = \alpha + \beta x.$$

Questo è in realtà un modo sintetico di scrivere le due equazioni:

$$\mathrm{logit}[\pi(0)] = \log \frac{\pi(0)}{1 - \pi(0)} = \alpha$$

$$\mathrm{logit}[\pi(1)] = \log \frac{\pi(1)}{1 - \pi(1)} = \alpha + \beta.$$

Il parametro α è il logaritmo dell'odds di Y nel livello 0 di X, inoltre β è il log del cpr della tabella 2×2 di Y contro X, ovvero $\mathrm{cpr}(Y, X) = e^{\beta}$. Infatti sottraendo la prima equazione dalla seconda, si ottiene:

$$\mathrm{logit}[\pi(1)] - \mathrm{logit}[\pi(0)] = \beta$$

e, ricordando che

$$\mathrm{logit}[\pi(1)] = \log \frac{P(Y=1 \mid X=1)}{P(Y=0 \mid X=1)} = \log \frac{P(Y=1, X=1)}{P(Y=0, X=0)}$$

e che

$$\mathrm{logit}[\pi(0)] = \log \frac{P(Y=1 \mid X=0)}{P(Y=0 \mid X=0)} = \log \frac{P(Y=1, X=0)}{P(Y=0, X=0)}$$

il risultato segue. Se β è positivo (negativo), la probabilità $P(Y = 1 \mid X)$ nel passare dal valore $X = 0$ al valore $X = 1$ aumenta (diminuisce).

Si noti che il modello precedente ricostruisce perfettamente le probabilità della distribuzione congiunta di Y e X. Questo pertanto è un modello saturo, ovvero non impone nessuna semplificazione. Se $\beta = 0$, allora $\mathrm{cpr}(Y, X) = 1$ e, come visto nel capitolo precedente, Y e X sono indipendenti, ovvero non vi è in X nessuna informazione sulla v.c. Y.

(c) Il modello logistico semplice si estende al caso in cui la variabile esplicativa è categoriale con I livelli, che codifichiamo con $\{0, 1, \ldots, I-1\}$. Si indichi con $\pi(r) = P(Y = 1 \mid X = r)$. Il modello può pertanto scriversi nel modo seguente:

$$\begin{aligned}
\mathrm{logit}[\pi(0)] &= \log \tfrac{\pi(0)}{1-\pi(0)} = \alpha \\
\mathrm{logit}[\pi(r)] &= \log \tfrac{\pi(r)}{1-\pi(r)} = \alpha + \beta_r, \quad r \in \{1, \ldots, I-1\}
\end{aligned} \qquad (3.2)$$

con β_r il log del cpr della sottotabella:

$$
\begin{array}{c|cc}
 & \multicolumn{2}{c}{X} \\
Y & 0 & r \\
\hline
0 & p_{YX}(0,0) & p_{YX}(0,r) \\
1 & p_{YX}(1,0) & p_{YX}(1,r)
\end{array}
$$

Una espressione equivalente del modello (3.2) usa le variabili dummy. Sia D_r una variabile casuale binaria che assume valore 1 se $X = r$ e 0 altrimenti. Il modello è

$$\mathrm{logit}[\pi(r)] = \alpha + \beta_1 D_1 + \beta_2 D_2 + \ldots + \beta_{I-1} D_{I-1}. \qquad (3.3)$$

La scelta della parametrizzazione non è unica. Quella qui presentata, detta *d'angolo*, è quella maggiormente utilizzata dai software statistici che stimano il modello logistico. Il nome deriva dal fatto che una modalità viene presa come riferimento, e i parametri rappresentano la distanza, in termini di logit, tra questa e le altre configurazioni delle esplicative.

Si osservi che esiste sempre un modello che ricostruisce perfettamente le probabilità della distribuzione congiunta di (Y, X). Questo è il modello saturo ed ha tanti parametri quanti i livelli di X. Tuttavia l'obiettivo dell'analisi statistica è trovare delle regolarità nella descrizione delle associazioni verificando se alcuni parametri possono essere posti uguale a zero senza perdita di informazione.

Ad esempio, se tutti i β_r sono uguali a zero, allora $\text{logit}[\pi(r)] = \alpha$ per ogni $r \in \{0, 1, \ldots, I - 1\}$ e pertanto, dai risultati presentati nel capitolo precedente, Y e X sono indipendenti. Di conseguenza, la classificazione delle unità secondo la variabile X è ridondante e non aggiunge informazioni sulla variabile Y.

3.4.1 La forma matriciale

Il modello logistico semplice può essere scritto in forma matriciale, attraverso la costruzione della matrice $\mathbf{X}$, detta matrice del disegno. Illustriamo con un esempio il caso in cui questa è categoriale.

Esempio 3.2 *Si abbia la seguente tabella di contingenza doppia:*

Y	X 0	X 1	X 2	Totale
0	$p_{YX}(0,0)$	$p_{YX}(0,1)$	$p_{YX}(0,2)$	$p_Y(0)$
1	$p_{YX}(1,0)$	$p_{YX}(1,1)$	$p_{YX}(1,2)$	$p_Y(1)$
Totale	$p_X(0)$	$p_X(1)$	$p_X(2)$	1

Si indichino i livelli della X attraverso due variabili dummy e si crei il vettore dei logit in ogni livello della X, come la seguente tabella mette in evidenza.

$\text{logit}[\pi(r)]$	$\text{logit}[\pi(D_1, D_2)]$	Parametri
$\text{logit}[\pi(0)]$	$\text{logit}[\pi(0,0)]$	α
$\text{logit}[\pi(1)]$	$\text{logit}[\pi(1,0)]$	$\alpha + \beta_1$
$\text{logit}[\pi(2)]$	$\text{logit}[\pi(0,1)]$	$\alpha + \beta_2$

La configurazione precedente suggerisce una forma matriciale. Si ponga:

$$\boldsymbol{\eta} = \begin{pmatrix} \text{logit}[\pi(0,0)] \\ \text{logit}[\pi(1,0)] \\ \text{logit}[\pi(0,1)] \end{pmatrix}.$$

Vi si associ la matrice $\mathbf{X}$ *del disegno così costruita:*

$$\mathbf{X} = \begin{pmatrix} 1 & 0 & 0 \\ 1 & 1 & 0 \\ 1 & 0 & 1 \end{pmatrix}.$$

Sia $\boldsymbol{\beta}^T = (\alpha, \beta_1, \beta_2)$. *Il modello si può riscrivere come:*

$$\boldsymbol{\eta} = \mathbf{X}\,\boldsymbol{\beta}.$$

Come mette in luce l'esempio 3.2, le righe della matrice $\mathbf{X}$ corrispondono alle configurazioni delle esplicative. Ad ogni configurazione i è associata l'estrazione di una v.c. binomiale, con valore atteso condizionato $\pi(\mathbf{x}_i)$. Le colonne della matrice $\mathbf{X}$ corrispondono alle variabili. Nell'esempio, la prima è la colonna di costanti, la seconda corrisponde alla dummy del secondo livello di X e la terza alla dummy del terzo livello di X. Il modello presentato nell'esempio è un modello saturo, che ha tanti parametri quante le righe di $\mathbf{X}$. Il modello più semplice è quello di indipendenza. La matrice $\mathbf{X}$ del modello di indipendenza avrà solo la colonna di costanti. Oltre al modello di indipendenza, può essere talvolta di interesse valutare se l'effetto di $X = 1$ è uguale all'effetto di $X = 2$, ovvero $\beta_1 = \beta_2$. Nell'esercizio 3.1 è riportata la matrice del disegno del modello così costruito.

3.5 Il modello logistico multiplo

Analogamente al modello di regressione lineare, il modello logistico si estende al caso di più variabili esplicative.

Sia $(X_1, X_2, \ldots, X_p)^T$ un vettore di v.c. p-dimensionale che assume valori $\mathbf{x}^T = (x_1, x_2, \ldots, x_p)$. Sia $\pi(\mathbf{x}) = P(Y = 1 \mid X_1 = x_1, X_2 = x_2, \ldots, X_p = x_p)$. Il modello ha la seguente espressione:

$$\text{logit}[\pi(\mathbf{x})] = \log \frac{\pi(\mathbf{x})}{1 - \pi(\mathbf{x})} = \alpha + \beta_1 x_1 + \ldots + \beta_p x_p$$

da cui:

$$P(Y = 1 \mid \mathbf{x}) = \pi(\mathbf{x}) = \frac{\exp(\alpha + \beta_1 x_1 + \ldots + \beta_p x_p)}{1 + \exp(\alpha + \beta_1 x_1 + \ldots + \beta_p x_p)}$$

e anche:

$$P(Y = 0 \mid \mathbf{x}) = \frac{1}{1 + \exp(\alpha + \beta_1 x_1 + \ldots + \beta_p x_p)}.$$

Questo modello è detto *modello logistico multiplo*. Anche in questo caso, l'interpretazione dei coefficienti varia a seconda della natura delle variabili $(X_1, X_2, \ldots, X_p)$. Nel caso in cui le variabili siano continue, il coefficiente β_j esprime come varia il logit di Y ad una variazione unitaria di X_j, mantenendo costanti le altre variabili. Più difficile invece è l'interpretazione dei coefficienti nel caso in cui le variabile esplicative sono categoriali. Allo scopo di introdurre gradualmente il lettore, si inizia dalla situazione più semplice, in cui si hanno due variabili esplicative.

(a) Le X_j sono una v.c. continua e una v.c. binaria.

Sia X_1 la variabile binaria. Un primo modello è il seguente:

$$\text{logit}[\pi(x_1, x_2)] = \alpha + \beta_1 x_1 + \beta_2 x_2$$

che implica, nel caso in cui $X_1 = 0$,

$$\text{logit}[\pi(0, x_2)] = \alpha + \beta_2 x_2$$

e, nel caso in cui $X_1 = 1$:

$$\text{logit}[\pi(1, x_2)] = \alpha + \beta_1 + \beta_2 x_2.$$

L'interpretazione del modello è la seguente: vi è un effetto della v.c. X_1 e un effetto della v.c. X_2. L'effetto della prima ha come conseguenza quella di innalzare (se β_1 è positivo, abbassare altrimenti) la retta che spiega l'andamento del logit. Infatti:

$$\text{logit}[\pi(1, x_2)] - \text{logit}[\pi(0, x_2)] = \beta_1.$$

La pendenza della retta, tuttavia, che descrive la dipendenza del logit rispetto a X_2 è costante e pari a β_2 nei due valori X_1. Questo modello contiene, oltre all'intercetta, gli effetti principali delle variabili esplicative, rappresentati dai coefficienti β_1 e β_2. In Figura 3.2 è presentato un esempio

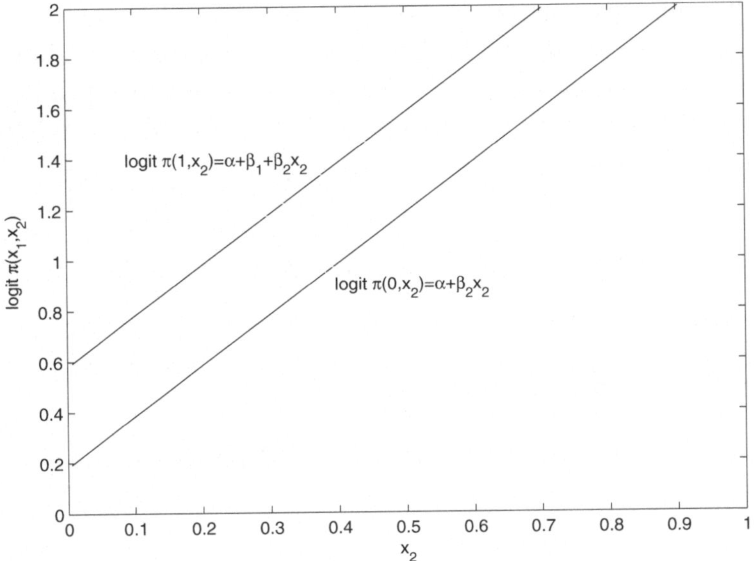

Figura 3.2. Un esempio di modello logistico con $\alpha = 0.2$, $\beta_1 = 0.4$ e $\beta_2 = 0.02$

di due rette parallele che rappresentano l'andamento dei logit rispetto a X_2 nelle due popolazioni individuate dalla X_1.

Un modello più complesso del precedente è il seguente. Si crei una variabile x_3 data dal prodotto della $x_1 \times x_2$. Così costruita, x_3 vale 0 se $X_1 = 0$ e x_2 se $X_1 = 1$. Il modello sarà allora:

$$\text{logit}[\pi(x_1, x_2)] = \alpha + \beta_1 x_1 + \beta_2 x_2 + \beta_3 x_3.$$

Esso è un modo sintetico di scrivere le due equazioni:

$$\text{logit}[\pi(0, x_2)] = \alpha + \beta_2 x_2$$

nel caso in cui $X_1 = 0$, e:

$$\text{logit}[\pi(1, x_2)] = \alpha + \beta_1 + \beta_2 x_2 + \beta_3 x_2$$

altrimenti. La pendenza della retta che descrive l'andamento del logit rispetto a X_2 nella popolazione con $X_1 = 1$ è pertanto $\beta_2 + \beta_3$. L'interpretazione del modello è la seguente: vi è un effetto di X_1 e un effetto di X_2. L'effetto di X_1 ha come conseguenza sia quella di innalzare (se β_1 è positivo, abbassare altrimenti) la retta che spiega l'andamento del logit, sia quella di aumentarne la pendenza (se β_3 è positivo, diminuirne altrimenti).

Il coefficiente β_3 è detto coefficiente di interazione del primo ordine. Esso esprime la modifica dell'effetto della variabile X_2 sulla variabile risposta in conseguenza del variare di X_1. Per simmetria, esso esprime anche la modifica dell'effetto di X_1 in conseguenza del variare di X_2. Nel grafico del modello, a differenza di quello in Figura 3.2, le due rette che descrivono l'andamento del logit rispetto alla x_2 non sono parallele. Infatti,

$$\text{logit}[\pi(1, x_2)] - \text{logit}[\pi(0, x_2)] = \beta_1 + \beta_2 x_2$$

e la distanza fra le due rette varia con x_2.

(b) Le X_j sono due v.c. binarie.

Nel caso di due variabili esplicative binarie X_1 e X_2, un possibile modello è il seguente:

$$\text{logit}[\pi(x_1, x_2)] = \alpha + \beta^{X_1} x_1 + \beta^{X_2} x_2 \, . \tag{3.4}$$

Questo modello contiene solo gli effetti principali delle variabili. (Si noti il cambio di notazione dei coefficienti rispetto ai modelli precedenti). Per l'interpretazione dei coefficienti si seguono le linee già delineate. Avremo:

$$\text{logit}[\pi(1, m)] - \text{logit}[\pi(0, m)] = \beta^{X_1} \quad \text{per} \quad \text{ogni} \ m = \{0, 1\} \tag{3.5}$$

da cui risulta che β^{X_1} è il logaritmo del rapporto dei prodotti incrociati nelle due tabelle individuate dai valori di X_2. Infatti, ponendo in (3.5) $m = 0$:

$$\beta^{X_1} = \text{logit}[\pi(1, 0)] - \text{logit}[\pi(0, 0)]$$

e pertanto

$$\beta^{X_1} = \log \frac{P(Y = 1 \mid X_1 = 1, X_2 = 0)}{P(Y = 0 \mid X_1 = 1, X_2 = 0)} - \log \frac{P(Y = 1 \mid X_1 = 0, X_2 = 0)}{P(Y = 0 \mid X_1 = 0, X_2 = 0)} \, .$$

Moltiplicando per $P(X_1 = 1 \mid X_2 = 0)$ il numeratore e il denominatore della prima frazione e per $P(X_1 = 0 \mid X_2 = 0)$ il numeratore e il denominatore della seconda, si ottiene:

$$\beta^{X_1} = \log \frac{P(Y = 1, X_1 = 1 \mid X_2 = 0) P(Y = 0, X_1 = 0 \mid X_2 = 0)}{P(Y = 0, X_1 = 1 \mid X_2 = 0) P(Y = 1, X_1 = 0 \mid X_2 = 0)}$$

da cui, $\beta^{X_1} = \log \text{cpr}(Y, X_1 \mid X_2 = 0)$. Ponendo $m = 1$ in (3.5) si arriva, attraverso analoghi passaggi, a verificare che β^{X_1} è il logaritmo del cpr nella sottotabella in cui $X_2 = 1$. Per simmetria, il coefficiente β^{X_2} si presta all'interpretazione analoga, di logaritmo del cpr nella sottotabella in cui $X_1 = 0$ e, anche, di logaritmo del cpr nella sottotabella in cui $X_1 = 1$.

Da quanto detto, il modello precedente implica che l'effetto di X_1 su Y non varia al variare della X_2 e, analogamente, l'effetto di X_2 su Y non varia al variare di X_1. Questa ipotesi è spesso irrealistica. Si deve poter contemplare una situazione in cui il cpr sia diverso. Per fare questo occorre inserire un ulteriore coefficiente nel modello, come spiega il prossimo esempio.

Esempio 3.3 *Si consideri il seguente modello logistico con due variabili esplicative binarie X_1 e X_2:*

$$logit[\pi(x_1, x_2)] = \alpha + \beta^{X_1} x_1 + \beta^{X_2} x_2 + \beta^{X_1 X_2} x_1 \times x_2. \qquad (3.6)$$

Come la seguente tabella mette in evidenza, il modello è saturo.

$logit[\pi(x_1, x_2)]$	Parametri
$logit[\pi(0, 0)]$	α
$logit[\pi(1, 0)]$	$\alpha + \beta^{X_1}$
$logit[\pi(0, 1)]$	$\alpha + \quad 0 \quad + \beta^{X_2}$
$logit[\pi(1, 1)]$	$\alpha + \beta^{X_1} + \beta^{X_2} + \beta^{X_1 X_2}$

In questo modello:

$$logit[\pi(1, 0)] - logit[\pi(0, 0)] = \beta^{X_1}$$

da cui deriva che β^{X_1} è il logaritmo del $cpr(Y, X_1 \mid X_2 = 0)$. Inoltre,

$$logit[\pi(1, 1)] - logit[\pi(0, 1)] = \beta^{X_1} + \beta^{X_1 X_2} = \log cpr(Y, X_1 \mid X_2 = 1)$$

Di conseguenza:

$$\log \frac{cpr(Y, X_1 \mid X_2 = 1)}{cpr(Y, X_1 \mid X_2 = 0)} = \beta^{X_1 X_2}.$$

Ma, per simmetria,

$$\log \frac{cpr(Y, X_2 \mid X_1 = 0)}{cpr(Y, X_2 \mid X_1 = 1)} = \beta^{X_1 X_2}.$$

Pertanto, $\beta^{X_1 X_2}$ è il parametro che esprime l'effetto su Y dovuto all'interazione di X_1 e X_2.

(c) Le X_j sono p variabili casuali binarie con $p > 2$.

Il modello saturo con p variabili esplicative binarie avrà 2^p parametri. Ad esempio, ponendo $p = 3$, questi saranno: un parametro α; 3 parametri che esprimono gli effetti principali; $\binom{3}{2}$ parametri di interazione del primo ordine e un parametro di interazione del secondo ordine. In tal caso, ogni combinazione (x_1, x_2, x_3) delle variabili esplicative esprime un diverso valore atteso della variabile casuale Y. Come già detto, il modello saturo non ha interesse dal punto di vista statistico, in quanto non impone semplificazioni e non individua regolarità nelle associazioni fra le esplicative e la variabile risposta.

Esempio 3.4 *Sia $p = 3$. Un possibile modello è il seguente:*

$$logit[\pi(x_1, x_2, x_3)] = \alpha + \beta^{X_1} x_1 + \beta^{X_2} x_2 + \beta^{X_3} x_3 + \beta^{X_1 X_2} x_1 x_2. \tag{3.7}$$

Questo modello implica che:

$$\mathrm{logit}[\pi(x_1, x_2, 1)] - \mathrm{logit}[\pi(x_1, x_2, 0)] = \beta^{X_3}$$

ovvero, il rapporto dei prodotti incrociati fra Y e X_3 è costante in tutte le 2×2 tabelle condizionate a X_1 e X_2 congiuntamente. Inoltre:

$$\log \frac{\mathrm{cpr}(Y, X_1 \mid X_2 = 1, X_3 = 0)}{\mathrm{cpr}(Y, X_1 \mid X_2 = 0, X_3 = 0)} = \beta^{X_1 X_2} = \frac{\mathrm{cpr}(Y, X_1 \mid X_2 = 1, X_3 = 1)}{\mathrm{cpr}(Y, X_1 \mid X_2 = 0, X_3 = 1)}$$

ovvero, il rapporto dei prodotti incrociati fra Y e X_1 varia al variare di X_2 ma è costante rispetto a X_3. Pertanto, $\beta^{X_1 X_2}$ è il parametro che esprime l'effetto su Y dovuto alla interazione fra X_1 e X_2. Tale parametro non dipende dai livelli di X_3, ovvero non varia se X_3 assume valore '0' o '1'.

(c) Caso in cui le X_j sono p variabili categoriali.

La teoria precedente permette di estendere abbastanza agevolmente l'interpretazione del modello logistico multiplo al caso generico di p variabili esplicative categoriali. Poniamo $p = 3$. L'analogo del modello (3.7) può così scriversi:

$$\mathrm{logit}\pi(k, m, r) = \alpha + \beta_k^{X_1} D_k^{X_1} + \beta_m^{X_2} D_m^{X_2} + \beta_r^{X_3} D_r^{X_3} + \beta_{km}^{X_1 X_2} D_k^{X_1} D_m^{X_2}.$$

In ogni configurazione delle esplicative, il modello è una replicazione del modello (3.7) e la interpretazione dei parametri coincide con il caso binario. Si noti che spesso, nella scrittura del modello, le variabili dummy sono omesse.

In tal caso, occorre precisare che tutti i parametri relativi a configurazioni X_j che coinvolgono il livello '0' sono nulli, si veda l'esempio 3.5.

Nel caso in analisi, i termini che sintetizzano gli effetti principali delle variabili X_j sono adesso $(I_j - 1)$. I termini che esprimono le interazioni del primo ordine fra una variabile X_j e una variabile X_l sono adesso $(I_j - 1)(I_l - 1)$. I termini che esprimono le interazioni del secondo ordine fra le due variabili precedenti e una terza X_k saranno $(I_j - 1)(I_l - 1)(I_k - 1)$, e così via.

I modelli che consideriamo sono detti *gerarchici*. Sia S un possibile sottoinsieme delle variabili esplicative che dà luogo ad un termine di interazione diverso da zero. Il modello è gerarchico se tutti i termini di interazione fra le variabili in $S_1, S_2, \ldots, S_k$ sono diversi da zero, con $S_1, S_2, \ldots, S_k$ tutti i possibili sottoinsiemi di S.

Esempio 3.5 *Si consideri il seguente modello con quattro variabili esplicative:*

$$logit[\pi(k, m, r, l)] = \alpha + \beta_k^{X_1} + \beta_m^{X_2} + \beta_r^{X_3} + \beta_l^{X_4} + \beta_{km}^{X_1 X_2} + \beta_{kl}^{X_1 X_4}.$$

in cui si assegna valore zero a tutti i parametri relativi a configurazioni delle X_j che coinvolgono le modalità '0'. Il modello è gerarchico. Esso implica che tutte le variabili hanno un effetto sulla Y; l'effetto della variabile X_1 varia con X_2 (e viceversa); l'effetto della variabile X_1 varia con X_4 (e viceversa); infine l'effetto di X_3 non varia al variare delle altre variabili.

L'omissione del termine $\beta_m^{X_2}$ nell'esempio precedente dà luogo ad un modello non gerarchico. Invece, l'omissione del termine $\beta_r^{X_3}$ è possibile, ed anzi permette una interessante interpretazione del modello in termini di indipendenza condizionale con importanti risvolti applicativi, come mette in luce il seguente esempio.

Esempio 3.6 *(segue da 3.5). Si consideri il modello dell'esempio 3.5 in cui si pone $\beta_r^{X_3} = 0$ per ogni valore r di X_3. Il modello che risulta implica che $Y \perp\!\!\!\perp X_3 \mid X_1, X_2, X_4$. Infatti, la $P(Y = r \mid x_1, x_2, x_3, x_4) = P(Y = r \mid x_1, x_2, x_4)$ per ogni r e x_1, x_2, x_3, x_4. Dal punto di vista applicativo, questo vuole dire che una volta che sono noti i valori x_1, x_2, x_4, l'informazione sul valore x_3 è ridondante e può essere omessa dalla funzione di score.*

3.5.1 La forma matriciale

Anche il modello logistico multiplo può essere scritto in forma matriciale, attraverso la costruzione della matrice del disegno $\mathbf{X}$. Sia p il numero di variabili esplicative, incluse le dummy, del modello. Nei modelli che consideriamo la prima colonna contiene i termini costanti (ovvero $x_{i1} = 1$ per ogni i). Il seguente esempio chiarisce quanto detto.

Esempio 3.7 *(segue da 3.1) Si costruisca la matrice del disegno del modello saturo*

$$\mathrm{logit}\pi(x_1, x_2) = \alpha + \beta^{X_1} + \beta_1^{X_2} + \beta_2^{X_2} + \beta_{11}^{X_1 X_2} + \beta_{12}^{X_1 X_2}.$$

Riprendendo l'esempio 3.1, avremo,

Proprietà	Reddito	$D_1^{X_1}$	$D_1^{X_2}$	$D_2^{X_2}$	X					
No	0	0	0	0	1	0	0	0	0	0
No	1	0	1	0	1	0	1	0	0	0
No	2	0	0	1	1	0	0	1	0	0
Sì	0	1	0	0	1	1	0	0	0	0
Sì	1	1	1	0	1	1	1	0	1	0
Sì	2	1	0	1	1	1	0	1	0	1

in cui, ad esempio, la quinta colonna di **X** *è ottenuta per prodotto, elemento per elemento, fra la seconda e la terza.*

Si noti che nel caso in cui tutte le esplicative siano variabili categoriali, come nell'esempio precedente, ogni riga di **X** corrisponde ad una cella della tabella di contingenza ottenuta dalla classificazione delle unità secondo le esplicative e il valore N sarà pertanto pari al numero di celle della tabella. Nel caso di una esplicativa continua, a meno di arrotondamenti che generino ripetizioni di valori, ogni osservazione presenta un valore diverso. In tal caso, $n_i = 1$ e le righe di **X** sono pari al numero N di osservazioni. La forma matriciale del modello, tuttavia, non cambia.

$\rightarrow$ Sia $\boldsymbol{\eta}$ il vettore dei logit nella tabella ottenuta attraverso la classificazione congiunta delle variabili esplicative. Avremo:

$$\boldsymbol{\eta} = \mathbf{X}\boldsymbol{\beta}$$

in cui **X** è la matrice del disegno. Si comprende quindi che il numero di parametri del modello coincide con il rango della matrice **X**, ovvero con il numero di colonne linearmente indipendenti nella matrice del disegno. Si veda l'esercizio 3.6 per la forma matriciale del modello (3.6).

3.6 La stima mediante massima verosimiglianza

Si indichi con $\mathbf{x}_i$ il vettore riga delle variabili esplicative associato alla i-esima cella della tabella di contingenza ottenuta dalla classificazione congiunta delle unità secondo le variabili esplicative. Le variabili in $\mathbf{x}_i$, x_{ij}, sono continue o variabili dummy di variabili categoriali e delle loro interazioni. Siano N le celle della tabella così ottenuta. Per ogni cella i si ha una estrazione di una binomiale relativa di parametri n_i e $\pi(\mathbf{x}_i)$, in cui si è osservato w_i successi. Si scriva il modello di regressione logistico nella seguente forma:

$$\mathrm{logit}\,\pi(\mathbf{x}_i) = \sum_{j=1}^{p} \beta_j x_{ij} \tag{3.8}$$

in cui si è posto $\alpha = \beta_1$ e $x_{i1} = 1$. Si assume che ogni cella sia una estrazione di una v.c. binomiale relativa W_i di dimensione n_i e valore atteso $\pi(\mathbf{x}_i)$. La funzione di probabilità nella cella i-esima è pertanto pari a

$$\binom{n_i}{w_i} \pi(\mathbf{x}_i)^{w_i} [1 - \pi(\mathbf{x}_i)]^{n_i - w_i}$$

con

$$\pi(\mathbf{x}_i) = \frac{\exp(\sum_{j=1}^{p} \beta_j x_{ij})}{1 + \exp(\sum_{j=1}^{p} \beta_j x_{ij})}. \tag{3.9}$$

e

$$1 - \pi(\mathbf{x}_i) = \frac{1}{1 + \exp(\sum_{j=1}^{p} \beta_j x_{ij})}.$$

Si indichi con $l_i(\boldsymbol{\beta})$ la funzione di log-verosimiglianza della i-esima estrazione. Questa è proporzionale alla seguente espressione:

$$l_i(\boldsymbol{\beta}) = w_i \log \pi(\mathbf{x}_i) + (n_i - w_i) \log[1 - \pi(\mathbf{x}_i)]. \tag{3.10}$$

Per N estrazioni indipendenti, la funzione di log-verosimiglianza del campione $L = \sum_i l_i$ è proporzionale alla seguente:

$$L(\boldsymbol{\beta}) = \sum_i \{w_i \log \pi(\mathbf{x}_i) + (n_i - w_i) \log[1 - \pi(\mathbf{x}_i)]\}$$

da cui:

$$L(\boldsymbol{\beta}) = \sum_i w_i \log \frac{\pi(\mathbf{x}_i)}{1 - \pi(\mathbf{x}_i)} + \sum_i n_i \log[1 - \pi(\mathbf{x}_i)]. \tag{3.11}$$

Notando che

$$\sum_i w_i \log \frac{\pi(\mathbf{x}_i)}{1 - \pi(\mathbf{x}_i)} = \sum_i w_i \left(\sum_j \beta_j x_{ij} \right) = \sum_j \beta_j \left(\sum_i w_i x_{ij} \right)$$

avremo

$$L(\boldsymbol{\beta}) = \sum_j \beta_j \left(\sum_i w_i x_{ij} \right) - \sum_i n_i \log \left[1 + \exp \left(\sum_j \beta_j x_{ij} \right) \right].$$

La stima di massima verosimiglianza si ottiene uguagliando a zero le derivate parziali $\partial L(\boldsymbol{\beta}) / \partial \beta_j$. Essendo

$$\frac{\partial L(\boldsymbol{\beta})}{\partial \beta_j} = \sum_i w_i x_{ij} - \sum_i n_i x_{ij} \frac{\exp(\sum_k \beta_k x_{ik})}{1 + \exp(\sum_k \beta_k x_{ik})}$$

il sistema di equazioni di verosimiglianza è pertanto

$$\sum_i w_i x_{ij} - \sum_i x_{ij} n_i \hat{\pi}(\mathbf{x}_i) = 0 \, , \, j = \{1, \ldots, p\} \qquad (3.12)$$

in cui, per ogni riga i, la grandezza $\hat{\pi}(\mathbf{x}_i)$ è la probabilità di successo stimata, ottenuta sostituendo in (3.9) le stime $\hat{\beta}_j$, e la grandezza $n_i \hat{\pi}(\mathbf{x}_i)$ è la stima della frequenza di successo teorica. Se con $\mathbf{X}$ indichiamo adesso la matrice del disegno, di dimensioni $N \times p$, con righe $\mathbf{x}_i$ e con $\mathbf{w}$ indichiamo il vettore $N \times 1$ di elementi w_i e con $\hat{\mathbf{w}}$ il vettore $N \times 1$ di elementi $n_i \hat{\pi}(\mathbf{x}_i)$, possiamo riscrivere le equazioni di verosimiglianza in forma matriciale:

$$\mathbf{X}^T \mathbf{w} = \mathbf{X}^T \hat{\mathbf{w}}. \qquad (3.13)$$

Si noti l'analogia con la (B.3). Tuttavia, a differenza del modello di regressione lineare, in questo caso il sistema (3.13) non ha soluzione esplicita, tranne nel caso non interessante in cui il modello è saturo e le frequenze osservate coincidono con quelle stimate (si veda l'esercizio 3.4 per il modello logistico semplice). In tutti gli altri casi, la massimizzazione della funzione di verosimiglianza si ottiene attraverso algoritmi iterativi. Se il modello contiene l'intercetta, la prima riga di $\mathbf{X}^T$ è una riga di 1 e la prima equazione del sistema (3.13) implica che $\sum_i w_i = \sum_i \hat{w}_i$, ovvero le frequenze teoriche di successo sono uguali a quelle empiriche.

3.6.1 La matrice delle varianze e delle covarianze asintotica

Gli stimatori $\hat{\boldsymbol{\beta}}$ così ottenuti hanno una distribuzione asintotica normale con matrice delle varianze e delle covarianze data dalla inversa della matrice di informazione attesa, il cui generico elemento è:

$$E\left(\frac{\partial^2 L(\boldsymbol{\beta})}{\partial\beta_a\partial\beta_b}\right) = -E\left(\frac{\partial L(\boldsymbol{\beta})}{\partial\beta_a}\frac{\partial L(\boldsymbol{\beta})}{\partial\beta_b}\right)$$

$$= \frac{\sum_i x_{ia}x_{ib}n_i\exp(\sum_j \beta_j x_{ij})}{[1+\exp(\sum_j \beta_j x_{ij})]^2}$$

$$= -\sum_i x_{ia}x_{ib}n_i\pi(\mathbf{x}_i)[1-\pi(\mathbf{x}_i)].$$

La stima della matrice delle varianze e delle covarianze si ottiene invertendo la matrice di informazione attesa, valutata in $\hat{\boldsymbol{\beta}}$. Di conseguenza:

$$\widehat{\mathbf{Var}}(\hat{\boldsymbol{\beta}}) = \{\mathbf{X}^T\mathbf{diag}[n_i\hat{\pi}(\mathbf{x}_i)(1-\hat{\pi}(\mathbf{x}_i)]\mathbf{X}\}^{-1}$$

in cui $\mathbf{diag}[n_i\hat{\pi}(\mathbf{x}_i)(1-\hat{\pi}(\mathbf{x}_i)]$ è una matrice diagonale di dimensioni $N \times N$. La radice quadrata degli elementi sulla diagonale di $\widehat{\mathbf{Var}}(\hat{\boldsymbol{\beta}})$ fornisce gli errori standard degli stimatori $\hat{\boldsymbol{\beta}}$. Come vedremo, queste informazioni, ed altre che adesso andiamo ad introdurre, sono fornite nell' output di ogni software statistico per la stima del modello logistico. Questi risultati permettono, oltre che di verificare ipotesi sui coefficienti del modello di cui parleremo in seguito, la costruzione di intervalli di confidenza per i parametri β_j del modello, che non sarà trattata in questa sede. La teoria di riferimento non è diversa dal caso lineare, presentato nell'Appendice B.

3.7 Verifica d'ipotesi

Come abbiamo detto, ogni analisi statistica mira a evidenziare il modello o i modelli più parsimoniosi nella classe dei modelli che spiegano bene i dati osservati. Il modello che ricostruisce perfettamente i dati osservati è il modello saturo che ha tanti parametri quante le celle i della tabella di contingenza. La funzione di verosimiglianza, e il suo logaritmo (3.10), è in tal caso massima. Tuttavia, il modello saturo non distingue gli effetti dovuti al campionamento da quelli presenti nella popolazione e come tale non può essere considerato un modello soddisfacente. La teoria che andiamo ad esporre permette di valutare mediante test statistici se un modello ridotto possa essere considerato adeguato. Si indichi con α la probabilità di rifiutare l'ipotesi nulla quando è vera. Tipicamente, si pone $\alpha = 0.05$ oppure $\alpha = 0.01$.

3.7.1 Verifica di ipotesi sul modello

I test G^2 e X^2 che qui presentiamo consentono di effettuare un confronto fra un modello ridotto e il modello saturo. Sia M_1 il modello saturo e M_0 un secondo modello con M_0 annidato in M_1, ovvero ottenuto ponendo a zero alcuni parametri di M_1. Si vuole verificare l'ipotesi che il campione osservato è stato estratto dal modello M_0, contro l'ipotesi alternativa che il campione osservato è stato estratto dal modello M_1. In simboli, sia H_0 : il modello vero è M_0 e H_1 : il modello vero è M_1.

$\rightarrow$ *Il test G^2 del rapporto delle verosimiglianze.* Un primo test è basato sulla distanza dei logaritmi della funzione di verosimiglianza dei due modelli ed è noto come test del rapporto di verosimiglianze. Sia L_0 il logaritmo della verosimiglianza sotto H_0 e L_1 il logaritmo della verosimiglianza sotto H_1. La seguente statistica è nota come devianza del modello:

$$G^2 = -2(L_0 - L_1) = 2 \sum_i \left[w_i \log \frac{w_i}{n_i \hat{\pi}(\mathbf{x}_i)} + (n_i - w_i) \log \frac{(n_i - w_i)}{n_i - n_i \hat{\pi}(\mathbf{x}_i)} \right].$$

$$(3.14)$$

La statistica G^2 è piccola se le due verosimiglianze sono vicine e grande altrimenti e tende a diminuire a mano a mano che il modello sotto H_0 si avvicina al modello saturo. Indicando con

$$d_i = 2 \left[w_i \log \frac{w_i}{n_i \hat{\pi}(\mathbf{x}_i)} + (n_i - w_i) \log \frac{(n_i - w_i)}{n_i - n_i \hat{\pi}(\mathbf{x}_i)} \right]$$

la (3.14) può anche riscriversi come

$$G^2 = \sum_i d_i.$$

I termini $\sqrt{d_i}\,\mathrm{sign}[w_i - n_i \hat{\pi}(\mathbf{x}_i)]$ sono detti residui della devianza. Essi saranno tanto più piccoli tanto più le frequenze teoriche si avvicinano a quelle osservate. L'analisi approfondita dei residui può portare a informazioni utili anche nel caso di un modello che presenta valori piccoli di G^2.

$\rightarrow$ *Il test X^2 di Pearson.* Un altro test è basato sulla statistica di Pearson, che è anch'essa una funzione della distanza fra le frequenze di celle osservate e quelle teoriche calcolate sulla base del modello ridotto. La statistica di Pearson è:

$$X^2 = \sum [(w_i - n_i \hat{\pi}(\mathbf{x}_i))^2 / n_i \hat{\pi}(\mathbf{x}_i)]$$

e sarà più piccola tanto più le frequenza teoriche si avvicinano a quelle osservate.

La distribuzione asintotica delle due statistiche dipende dalla natura delle variabili esplicative. Distinguiamo pertanto tre casi.

$\rightarrow$ *Esplicative categoriali.* Se le variabili in $\mathbf{X}$ sono tutte categoriali, al tendere di n_i all'infinito, le due statistiche test tendono a distribuirsi, sotto H_0, come una χ^2 con gradi di libertà pari alla differenza fra il numero dei parametri in M_1 e il numero dei parametri in M_0. Molti software statistici stampano, per ogni test, il valore della statistica calcolato sul campione e il p-value associato, ovvero la probabilità di ottenere, sotto l'ipotesi H_0, un valore maggiore o uguale della statistica test osservata. Se questo è elevato e superiore ad α, la statistica test cade nella zona di accettazione di H_0 e pertanto non si rifiuta l'ipotesi che il modello che ha generato i dati è il modello ridotto M_0.

$\rightarrow$ *Almeno una esplicativa è continua.* Nel caso in cui, invece, almeno una delle variabili in $\mathbf{X}$ sia continua, $n_i = 1$ per ogni i. Il numero delle celle della tabella di contingenza ottenuta dalla classificazione congiunta delle variabili esplicative cresce, pertanto, con la numerosità del campione. Si verifica agevolmente che la devianza dipende in modo deterministico dalle stime dei parametri (si veda l'esercizio 3.5). In tal caso, un valore elevato della statistica può essere ottenuto anche in un buon modello, a seconda della scelta del parametro $\boldsymbol{\beta}$ e, di conseguenza, della sua stima $\hat{\boldsymbol{\beta}}$. Viene pertanto a cadere una delle condizioni per cui la distribuzione asintotica di tale grandezza è χ^2. In tal caso è preferibile utilizzare altri test, quali ad esempio il test di Hosmer e Lemeshow, presentato nel paragrafo 3.11.

$\rightarrow$ *Tabelle sparse.* Una situazione intermedia fra i due casi precedenti è rappresentata dalle tabelle sparse, ovvero tabelle in cui una rilevante proporzione di celle abbia poche osservazioni (ad esempio $n_i < 5$). Questo può accadere o perché il campione è piccolo, o perché, come nel credit scoring, vi sono configurazioni più rare di altre. Anche in tal caso, i risultati asintotici possono fornire una cattiva approssimazione della vera distribuzione delle due statistiche test. In letteratura vi sono numerosi studi per valutare quale delle due statistiche test sia preferibile. Il test basato sulla statistica X^2

sembra essere preferibile. Per tabelle sparse, tuttavia, sono disponibili test basati sulla determinazione della distribuzione esatta di opportune statistiche test in campioni finiti. Questi test sono impegnativi dal punto di vista computazionale. Essi sono implementati solo in alcuni software statistici.

In molti casi, si vuole effettuare un confronto fra due modelli, M_1 e M_2 entrambi diversi dal modello saturo e tali che M_2 è annidato in M_1, ovvero è ottenuto da M_1 ponendo a zero alcuni dei parametri. Tale confronto viene effettuato utilizzando come statistica test la differenza delle devianze fra i due modelli. Indicando con L_1 e G_1^2 rispettivamente la log-verosimiglianza e la devianza del modello M_1 e con L_2 e G_2^2 le analoghe grandezze del modello M_2, la statistica test è data dalla differenza:

$$G_2^2 - G_1^2 = -2(L_2 - L_1).$$

Anche questo test è basato sul rapporto delle verosimiglianze. La distribuzione asintotica della statistica è una χ^2 con gradi di libertà pari alla differenza dei gradi di libertà delle rispettive devianze (ovvero, anche, alla differenza fra il numero dei parametri del secondo modello e quello del primo). In questo caso, l'approssimazione risulta buona anche per tabelle sparse e per dati continui.

Una situazione di particolare interesse è quella in cui il modello postulato nell'H_0 contiene solo l'intercetta, ovvero impone l'indipendenza della risposta Y dalle variabili esplicative. Si noti che, a differenza dei test precedenti, in cui l'obiettivo è quello di non rifiutare l'ipotesi nulla, in questo caso l'obiettivo è rifiutare l'ipotesi nulla a favore dell'ipotesi che il modello che ha generato i dati sia un modello più sofisticato.

Come abbiamo detto, un modo alternativo di scrivere il modello è quello di vedere il campione generato con estrazioni indipendenti di una variabile bernoulliana. Si verifica agevolmente che la funzione di verosimiglianza di questo secondo modello è proporzionale a quella scritta precedentemente e, pertanto, le stime di massima verosimiglianza dei due modelli coincidono. Tuttavia, nell'ipotesi di distribuzione bernoulliana, il modello saturo è diverso da quello visto in precedenza, in quanto il numero di osservazioni è dato dalla numerosità n del campione, anziché dal numero N di righe della tabella di contingenza. I due modelli saturi coincidono solo se $n_i = 1$ per ogni i. Per questo motivo, la devianza calcolata da alcuni software differisce a seconda della struttura dei dati in input. Infatti, se la forma dei dati in input è quella di una matrice con tante righe quante le osservazioni e tante colonne quante le variabili, la devianza viene calcolata considerando il modello di Bernoulli, anche nel caso di esplicative tutte categoriali. La verosimiglianza considerando il modello binomiale è calcolata dai software nel caso in cui in input siano date le frequenze della tabella di contingenza. Tuttavia, la differenza delle devianze fra due modelli entrambi non saturi non dipende dalla struttura dei dati in input.

3.7.2 Verifica d'ipotesi sull'effetto di una variabile

Il test del rapporto di verosimiglianza viene utilizzato in situazioni in cui si vuole valutare se una variabile categoriale di interesse ha un'influenza significativa sulla risposta. In questa situazione il modello postulato nell'H_0 è derivato da quello dell' H_1 imponendo uguale a zero il vettore dei parametri che rappresentano gli effetti in studio. Dal momento che ci limitiamo a considerare modelli gerarchici, si impone inizialmente a zero tutti i parametri che esprimono l' interazione di ordine più elevato della variabile in studio con le altre variabili nel modello. Se questi non sono significativi, allora si procede a valutare la significatività dei parametri che esprimono l' interazione di ordine inferiore. Ad ogni passo, la statistica test basata sulla differenza delle devianze ha distribuzione asintotica χ^2 con gradi di libertà pari al numero dei parametri posti uguali a zero.

3.7.3 Test sul singolo coefficiente

In alcuni casi, se le variabili esplicative sono continue o binarie, può essere di interesse sottoporre a verifica l'ipotesi che un unico parametro sia pari a zero contro l'ipotesi alternativa che esso sia diverso da zero. In tale caso si pone $H_0 : \beta_j = 0$ e $H_1 : \beta_j \neq 0$.

La teoria illustrata in precedenza può essere utilizzata anche in questo caso particolare. Un secondo test, è invece basato sulla statistica test, detta di Wald, la cui espressione è la seguente:

$$\hat{\beta}_j / SE(\hat{\beta}_j)$$

dove $SE(\hat{\beta}_j)$ è l'errore standard ovvero la radice quadrata del j-esimo elemento della diagonale principale della matrice delle varianze e delle covarianze stimata, $\widehat{\text{Var}}(\hat{\boldsymbol{\beta}})$. Sotto H_0, la statistica test è asintoticamente distribuita come una $N(0,1)$. Molti software statistici calcolano il p-value associato. Se il p-value è superiore ad α si accetta l'ipotesi nulla. Si noti che questo test è meno preciso del test basato sul rapporto delle verosimiglianze e, per valori elevati di $|\beta_j|$, ha una elevata probabilità di condurre a non rifiutare H_0 quando è falsa. Questo comportamento si riscontra anche nel caso di multicollinearità della matrice $\mathbf{X}$, in analogia con il modello lineare.

3.8 Il criterio di scelta AIC

I test precedenti non sono gli unici criteri di inclusione o esclusione di variabili dal modello. In letteratura esistono criteri alternativi che si basano su misure diverse di ottimalità. Il più noto è il criterio di informazione di Akaike e noto come AIC. Esso porta a selezionare il modello per cui è minima la grandezza:

$$\text{AIC} = -2[L(\hat{\boldsymbol{\beta}}) - \text{numero dei parametri del modello}]$$

in cui $L(\hat{\boldsymbol{\beta}})$ è la log-verosimiglianza del campione calcolata nel punto di massimo. Di conseguenza, modelli con molti parametri sono penalizzati.

Il criterio AIC fornisce un ordinamento fra modelli, anche non annidati. Si propone come criterio da affiancare alla procedura basata sulla massimizzazione della verosimiglianza, che tende a selezionare modelli con molti parametri in contrasto con il principio di parsimonia. Molti software statistici stampano il valore della grandezza AIC. Essa può essere vista come esempio di un insieme di criteri di penalizzazione della log-verosimiglianza, attraverso funzioni crescenti del numero dei parametri del modello.

3.9 La selezione del modello

Ogni analisi statistica conduce alla individuazione, nella classe dei modelli possibili, di uno o più modelli che possiedono due caratteristiche fondamentali: riprodurre 'bene' i dati e fornire una interpretazione del fenomeno in studio. Come già anticipato, fra i due requisiti vi è una relazione negativa: il modello che riproduce perfettamente i dati è infatti il modello saturo, il quale tuttavia non porge nessuna intuizione sul meccanismo li genera.

In questo contesto, la selezione del modello si riduce alla ricerca dell'insieme p di variabili più parsimonioso per formare la matrice $\mathbf{X}$. Questo implica che le variabili che non hanno una influenza rilevante sulla risposta debbano essere escluse dalla matrice. Questo fatto non solo ha una rilevanza scientifica, che nel nostro caso si riflette su una procedura più snella dal punto di vista operativo, ma ha anche una implicazione sulla stabilità ed affidabilità delle stime. Infatti, al crescere dei criteri di classificazione delle unità del campione cresce il numero N di righe della matrice $\mathbf{X}$. Dal momento che la numerosità campionaria resta costante, il numero dei successi

w_i e degli insuccessi $n_i - w_i$, sui quali si basano le equazioni di verosimiglianza, diminuisce per ogni cella i. Di conseguenza, le stime diventano meno accurate.

La scelta del migliore sottoinsieme di variabili non è di per sé un esercizio semplice. Innanzi tutto occorre specificare quale è il criterio con cui un modello è preferito ad un secondo modello. Nelle procedure che qui illustriamo, il confronto è sempre fatto fra un primo modello e un secondo ottenuto come semplificazione di questo.

Una volta scelto il criterio, la procedura teoricamente migliore sarebbe quella che esplora tutto lo spazio dei modelli. Tuttavia anche questa non è immune da difetti. Infatti, non solo richiede molto tempo, specie se l'insieme iniziale delle covariate è grande, ma anche non permette di controllarne la probabilità di errore, dal momento che questa non è legata in maniera semplice alla probabilità di errore del singolo confronto.

3.9.1 Procedure backward, forward e stepwise

Le procedure per la selezione del migliore insieme di covariate maggiormente utilizzate sono dette incrementali, in quanto si svolgono per passi successivi. Ad ogni passo vengono messi a confronto due modelli gerarchici annidati e la scelta è effettuata sulla base di uno dei criteri di ottimalità presentati nei paragrafi precedenti.

Presentiamo le tecniche assumendo che i due modelli a confronto differiscano per un solo parametro e che il criterio sia uno dei test statistici presentati. La procedura non varia nella sostanza se i due modelli differiscono per un vettore di parametri, che possono rappresentare gli effetti principali di una variabile categoriale con un numero di livelli superiore a due, o l'interazione fra questa ed altre variabili. In tal caso tuttavia il test di significatività su un singolo coefficiente non può essere utilizzato come criterio di scelta.

$\rightarrow$ *Backward*. La procedura *backward* parte dal modello saturo e rimuove ad ogni passo il parametro con il p-value più elevato. La procedura si arresta quando tutti i parametri del modello hanno un p-value inferiore ad α.

$\rightarrow$ *Forward*. La procedura *forward* parte dal modello con solo l'intercetta e ad ogni passo aggiunge il parametro con il più piccolo p-value. La procedura si arresta quando tutti i parametri non inclusi nel modello hanno un p-value superiore ad α.

→ *Stepwise*. La procedura *stepwise* alterna passi di inclusione a passi di esclusione, ed è pertanto un compromesso fra le due precedenti. Si arresta quando nessuno dei due tipi di passi è permesso.

La tre procedure in generale conducono a modelli simili, specialmente se la relazione fra la risposta e le esplicative è forte. Nonostante non vi siano stringenti argomentazioni teoriche per preferire una alle altre, occorre notare che, mentre la procedura backward inizia con un modello complesso che è coerente con i dati e procede alla sua semplificazione, la procedura forward si muove, nei passi iniziali, fra modelli spesso non coerenti con i dati. Il p-value prodotto dal test nasce pertanto dal confronto fra due modelli, nessuno di quali è accettabile. Per questo motivo la backward è generalmente preferita all'altra.

Nella pratica, esistono numerose variazioni delle procedure illustrate, alcune di esse particolarmente utili nel credit scoring, in cui tipicamente vi sono molte potenziali variabili esplicative. In tal caso, il modello saturo può essere basato su una tabella sparsa dando luogo ai problemi di instabilità menzionati in precedenza. Si preferisce allora porre come base per la procedura backward il modello ridotto che include tutte le interazioni fino ad un determinato ordine, usualmente il secondo o il terzo.

Sempre per evitare problemi dovuti alla sparsità della tabella, talvolta si procede a selezionare un primo insieme di variabili risultate esplicative in modelli univariariati in cui la risposta è regredita contro la singola esplicativa attraverso un modello logistico semplice. La procedura backward viene implementata sul modello saturo che include le variabili risultate rilevanti in questa fase. Il limite di questo modo di procedere risiede nell'escludere a priori che una variabili marginalmente indipendente dalla risposta possa essere associata ad essa condizionando ad altre variabili esplicative (si pensi all'esempio 2.6, ovvero a fenomeni legati al paradosso di Simpson). Per questo motivo, è consigliabile inserire nel primo insieme anche variabili con un p-value superiore al livello α prescelto (ad esempio pari a 0.20 o 0.25).

Lo studio preliminare dei modelli logistici univariati permette anche di individuare la forma funzionale opportuna per le potenziali variabili esplicative continue. Infatti, è possibile che queste variabili non abbiano un semplice effetto lineare sulla probabilità di successo. Per meglio valutare l'andamento di queste variabili si consiglia inizialmente suddividere il campo di variazione in cinque intervalli e di fare un grafico che pone in ascissa i valori centrali degli intervalli e in ordinata il corrispondente logit empirico, ovvero il logaritmo degli odds osservati.

Si può anche introdurre un criterio di coerenza, ovvero se ad un determinato passo un termine è apparso molto significativo, questo termine rimane inserito nei successivi modelli. Questo criterio è tuttavia accettabile solamente nell'ambito della procedura backward. In tal caso, a meno di fenomeni legati al paradosso di Simpson, se un termine è significativo in un certo modello, lo dovrà essere anche in un modello ridotto, mentre non è vero il viceversa.

Le procedure incrementali hanno il merito di essere facilmente implementabili nei software statistici e pertanto di condurre velocemente ad un modello finale. Esse necessariamente esplorano un sottoinsieme limitato di modelli e possono escludere modelli rilevanti. Pertanto debbono essere usate con cautela. In ogni studio statistico, e nel credit scoring in particolare, vi è una conoscenza a priori del fenomeno, dettata o dalla teoria o dalla esperienza passata, di cui è importante tenere conto. Spesso è preferibile un modello non ottimale, ma che contiene le variabili giudicate importanti sulla base delle conoscenze a priori, anche se non risultate significative dalle analisi condotte sul campione di sviluppo.

In molti studi, inoltre, il prodotto finale di una buona indagine statistica non è un unico modello, ma un insieme di modelli, ciascuno dei quali fornisce una adeguata spiegazione del fenomeno. La discussione della compatibilità dei meccanismi di generazione dei dati che i modelli selezionati sembrano suggerire e il confronto fra le differenti capacità inferenziali sono anch'essi parti rilevanti dell'indagine e costituiscono una importante fonte di informazione.

3.10 La tabella di errata classificazione

Poniamo adesso di avere selezionato il modello maggiormente parsimonioso nella classe dei modelli, con uno dei metodi per passi successivi precedentemente illustrati. L'obbiettivo del credit scoring, e dello scoring di accettazione in particolare, è quello di ben classificare i potenziali clienti nel gruppo dei buoni o dei cattivi con la minore probabilità di errore. Successivi strumenti di convalida sono necessari pertanto per valutare la precisione del modello scelto nel classificare le prossime unità in ingresso. In questo paragrafo presentiamo una serie di analisi basate sulla tabella di errata classificazione.

Sia $\hat{s}_i = \hat{s}(\mathbf{x}_i)$ il valore dello score nella prossima unità di ingresso, stimato con il modello selezionato al passo precedente. L'assegnazione di una unità ad una popolazione viene effettuata confrontando $\hat{s}_i$ con il valore di soglia: l'unità viene assegnata a P_1 se $\hat{s}_i > \log c$ e a P_0 altrimenti. Ad ogni unità i della popolazione, pertanto, viene associata una variabile detta Flag stimata, che vale '1' se $\hat{s}_i > \log c$ e '0' altrimenti.

La tabella di errata classificazione è ottenuta dalla classificazione congiunta delle unità del campione di convalida secondo la Flag osservata e quella stimata. Siano n_0 e n_1 le frequenza di unità appartenenti alle due popolazioni nel campione campione di convalida (con $n = n_0 + n_1$ indichiamo in questo paragafo la dimensione del campione di convalida). Si ottiene pertanto la seguente tabella 2×2:

	Flag stimata		Totale
Flag	0	1	
0	a	b	n_0
1	c	d	n_1
Totale	a+c	b+d	n

Sulla diagonale principale sono riportate le frequenze delle unità correttamente classificate e la somma $h = (a+d)/n$ è la frequenza relativa di unità correttamente classificate nel campione di convalida (in inglese *hit rate*). Fuori diagonale, invece, sono riportate le frequenze delle unità classificate male.

Come abbiamo detto, anche nel caso di perfetta conoscenza della funzione di score, avremmo probabilità positive di compiere i due errori di classificazione. Queste probabilità sono dette ottimali, poiché ottenute con la vera funzione di score. La tabella di errata classificazione costruita con $s(\mathbf{x})$ anziché $\hat{s}(\mathbf{x})$ fornisce, su un campione finito, una stima delle probabilità di errore ottimali.

Nella realtà, la funzione di score non è nota, ma è stimata attraverso il campione di convalida. Possiamo pertanto individuare un'ulteriore probabilità di errore, quella cioè calcolata condizionandosi al campione estratto e pertanto alla stima dei parametri della funzione di score. Questa è la probabilità *reale* (in inglese *actual*) di errore, ovvero quella in cui ci si imbatte in pratica, quando si procede a classificare la prossima unità in ingresso sulla base della funzione di score $\hat{s}(\mathbf{x})$, stimata nel campione di campione di sviluppo. La grandezza $o = (b+c)/n$ è una stima della probabilità reale di errore, ovvero condizionata alla funzione di score stimata.

Si osservi che perseguire come unico criterio la minimizzazione della grandezza o può essere fuorviante, dal momento che essa risente delle frequenze marginali n_0 e n_1 nel campione campione di convalida (ovvero anche delle probabilità marginali $P(Y = 0)$ e $P(Y = 1)$ se questo è formato in maniera casuale). A titolo di esempio, infatti, poniamo che solo il 10% del totale delle unità presenti il valore della `Flag` pari a '0'. Se per assurdo classifichiamo come buone tutte le unità del campione, ovvero poniamo `Flag` `stimata` pari a '1' per ogni unità, avremo il 100% dei buoni classificati bene e il 100% dei cattivi classificati male. Ma essendo questi solo il 10% del totale delle unità, avremo una frequenza relativa di errore pari a solo il 10%.

L'esempio precedente mette in evidenza il fatto che i criteri di classificazione basati sulla minimizzazione della grandezza o portano inevitabilmente a favorire la classe di maggiore ampiezza. Per evitare questa distorsione, si affianca alla grandezza o l'analisi delle frequenze relative di errore c/n_1 e b/n_0 all'interno dei due gruppi. Il primo rapporto è la proporzione di unità solvibili giudicate non solvibili ed è pertanto una stima della probabilità reale di compiere un errore del primo tipo; analogamente, il secondo è la proporzione di unità non solvibili classificate come solvibili, ed è una stima della probabilità reale di compiere un errore del secondo tipo. Si noti, inoltre, che le grandezze a/n_0 e d/n_1 sono, in ordine, una stima della specificità e della sensibilità del classificatore.

In generale, il campione di convalida deve essere di numerosità sufficientemente elevata per garantire una stima accurata della probabilità di errore reale. Tale ampiezza dipende in maniera crescente dal numero p di variabili esplicative risultate significative nel processo di selezione del modello. Dal momento che queste non sono tuttavia note all'inizio della fase di stima, la numerosità del campione di convalida si basa su criteri euristici. Questi portano a dire che il campione di convalida deve essere di numerosità compresa fra il 20% e il 35% della numerosità totale del campione.

Si noti che aumentando la soglia c cresce la probabilità che i cattivi osservati siano classificati come cattivi ma diminuisce la probabilità che i buoni osservati siano classificati come buoni. Vi è pertanto un trade-off fra sensibilità e specificità. Le analisi precedenti, inoltre, si basano su un valore di soglia fissato. Altri metodi, quali quelli basati sulla curva ROC (o CAP) e sul calcolo degli indici presentati nel primo capitolo, non presentano questa limitazione.

3.10.1 Il confronto con il caso

Una domanda che è lecito porsi a questo punto è la seguente: quanto migliore è la classificazione ottenuta con la funzione $\hat{s}(\mathbf{x})$ rispetto a quella ottenuta classificando a caso le unità? Per rispondere alla domanda occorre chiarire che cosa si intende per classificazione a caso.

Siano $\hat{\pi}_0$ e $\hat{\pi}_1$ le stime delle probabilità a priori $P(Y = 0)$ e $P(Y = 1)$ di appartenenza ad una o all'altra popolazione e siano n_0 e n_1 il numero di unità appartenenti rispettivamente a P_0 e P_1 nel campione di convalida. Nel seguito, queste grandezze si assumono fissate. La classificazione è a caso se la assegnazione della unità ad una popolazione è indipendente dalla popolazione di appartenenza, ovvero $\hat{a} = n_0\hat{\pi}_0$ e $\hat{d} = n_1\hat{\pi}_1$. In tal caso, la probabilità reale di corretta classificazione è data dalla grandezza $e = (\hat{a} + \hat{d})/n$. La distanza fra h ed e è una misura di quanto migliore sia il classificatore $\hat{s}(\mathbf{x})$ rispetto al caso.

Sia H la v.c. che descrive la frequenza relativa di corretta classificazione in un campione di n unità e h la sua determinazione osservata nel campione di convalida. Sotto l'ipotesi nulla che il classificatore non sia migliore di quello casuale, dal teorema del limite centrale, per n sufficientemente grande, la grandezza H ha una distribuzione che è ben approssimata da una normale con valore atteso e e varianza $e(1-e)/n$. Si può pertanto sottoporre a test l'ipotesi $H_0 : E(H) = e$ contro l'alternativa $H_1 : E(H) > e$. Ponendo pari ad α la probabilità di errore del primo tipo, si rifiuta H_0 se $h > e + z_{1-\alpha}\sqrt{e(1-e)/n}$, in cui si è posto $z_{1-\alpha}$ il quantile $(1-\alpha)$-esimo della distribuzione normale standardizzata.

Si osservi che il risultato di questo test dipende fortemente dalla distribuzione del campione di convalida rispetto alla probabilità di successo. Se infatti questa è concentrata attorno al valore di soglia, anche nel caso in cui $\hat{s}(\mathbf{x}_i)$ sia un buon classificatore, le probabilità a posteriori di successo tendono ad essere vicine a quelle a priori e la distanza fra h ed e tende ad essere piccola.

3.11 Il test di Hosmer e Lemeshow

Il test si basa su raggruppamento delle unità del campione di convalida sulla base della probabilità stimata di successo ed è consigliabile nel caso di dati continui o tabelle sparse. Si suddivide la distribuzione empirica in G gruppi (generalmente $G = 10$) approssimativamente di pari unità, ovvero tali che la numerosità n_g di ogni gruppo sia circa pari a n/G. Nel fare il raggruppamento si deve avere l'accortezza di mettere nello stesso gruppo le unità con uguale valore delle covariate, se presenti nel campione. Infatti, queste avranno lo stesso valore stimato di probabilità di successo.

Per ogni gruppo $g \in \{1, \ldots, G\}$ si calcola la frequenza assoluta w_g di successi osservata nel gruppo e la frequenza assoluta teorica di successi $\hat{w}_g = n_g\bar{\hat{\pi}}_g$ stimata dal modello. Una parola di chiarimento deve essere spesa su come $\bar{\pi}_g$ è calcolata. Essa è infatti la media aritmetica delle probabilità stimate di successo delle unità nel gruppo.

Una distanza elevata fra w_g e $\hat{w}_g$ denota un cattivo adattamento del modello. Il test si basa sulla statistica $\hat{C}$ che ha la seguente espressione:

$$\hat{C} = \sum_g \frac{(w_g - \hat{w}_g)^2}{n_g \bar{\pi}_g (1 - \bar{\pi}_g)}$$

che assume valori elevati se l'adattamento non è soddisfacente. Nonostante i risultati asintotici non siano direttamente applicabili, dal momento che le unità interne ad ogni gruppo non hanno la stessa probabilità di successo, risultati empirici mostrano che la statistica $\hat{C}$ tende ad una χ^2 con $G - 2$ gradi di libertà. L'approssimazione migliora al crescere della numerosità n_g ed è buona per valori di $\hat{w}_g$ superiori a 5.

Il test presentato può essere utilizzato anche come strumento di monitoraggio nel tempo della della funzione di score. In tal caso, il campione di convalida sarà formato da finanziamenti accessi in un intervallo temporale successivo alla finestra di studio. Una distanza elevata fra w_g e $\hat{w}_g$, il secondo ottenuto sulla base del modello, è indice di un logoramento della funzione di score.

3.12 Campione bilanciato

Un problema tipico nel credit scoring risiede nel fatto che la distribuzione della variabile Y di risposta è molto sbilanciata a favore delle unità buone. Di conseguenza, in un campione casuale la frequenza di unità insolventi è molto bassa. Quando queste vengono classificate secondo le variabili esplicative, la tabella di contingenza risultante contiene frequenze molto basse, o addirittura nulle, nelle celle in cui la risposta è posta sulla modalità che codifica l'evento insuccesso. Il modello stimato, di conseguenza, tende ad oscurare la relazione fra le variabili esplicative e la variabile risposta e porta ad una percentuale elevata di errori di classificazione a sfavore delle unità rare, sulle quali vi è necessariamente meno informazione.

Per ovviare a questo inconveniente, si ricorre ad uno schema di campionamento diverso da quello casuale e detto stratificato secondo la risposta. Questo si ottiene campionando le unità buone con una probabilità di inclusione nel campione inferiore a quella delle unità cattive.

Si supponga che nella popolazione, la variabile casuale Y segua un modello logistico multiplo,

$$\log \frac{P(Y = 1 \mid \mathbf{x})}{P(Y = 0 \mid \mathbf{x})} = \alpha + \beta_1 x_1 + \ldots + \beta_p x_p.$$

Sia ora Z una v.c. binaria che vale '1' se l'unità è inserita nel campione e '0' altrimenti. Siano, inoltre, k_0 e k_1, in ordine, le probabilità di inclusione nel campione nelle due popolazioni, ovvero:

$$k_0 = P(Z = 1 \mid Y = 0) \quad e \quad k_1 = P(Z = 1 \mid Y = 1).$$

La probabilità a posteriori che una unità nel campione assuma valore r, $r \in \{0, 1\}$, è data dalla teorema di Bayes:

$$P(Y = r \mid \mathbf{x}, Z = 1) = \frac{P(Z = 1 \mid Y = r, \mathbf{x})P(Y = r \mid \mathbf{x})}{P(Y = 0, Z = 1 \mid \mathbf{x}) + P(Y = 0, Z = 1 \mid \mathbf{x})}.$$

Nel caso in cui il campionamento dalle unità sane e quelle insolventi sia fatto in maniera casuale,

$$P(Z = 1 \mid Y = 1, \mathbf{x}) = P(Z = 1 \mid Y = 1) = k_1$$

e anche

$$P(Z = 1 \mid Y = 0, \mathbf{x}) = P(Z = 1 \mid Y = 0) = k_0.$$

Dalle derivazioni precedenti discende che:

$$\log \frac{P(Y = 1 \mid \mathbf{x}, Z = 1)}{P(Y = 0 \mid \mathbf{x}, Z = 1)} = \log \frac{k_1}{k_0} + \log \frac{P(Y = 1 \mid \mathbf{x})}{P(Y = 0 \mid \mathbf{x})}$$

e sostituendo al secondo addendo la espressione derivante dal modello logistico, si trova:

$$\log \frac{P(Y = 1 \mid \mathbf{x}, Z = 1)}{P(Y = 0 \mid \mathbf{x}, Z = 1)} = \alpha^* + \beta_1 x_1 + \ldots + \beta_p x_p$$

in cui si è posto

$$\alpha^* = \alpha + \log \frac{k_1}{k_0}. \tag{3.15}$$

Questa espressione mostra due cose fondamentali. La prima è che il modello della probabilità di successo nel caso di diverse probabilità di inclusione nel campione è ancora un modello logistico; la seconda è che parametri

β_j di questo secondo modello coincidono con quelli del modello su dati non bilanciati, mentre l'intercetta α del modello sui non dati bilanciati si ricava dalla (3.15). Il fattore di correzione è il logaritmo del rapporto fra la probabilità che una unità solvibile entri nel campione e la probabilità che una unità non solvibile entri nel campione. Nel caso di minore probabilità di campionamento dei buoni, questo è un numero negativo e il modello sui dati bilanciati sovrastima la probabilità che una unità sia cattiva.

La funzione di verosimiglianza del campione bilanciato differisce da quella scritta nel paragrafo 3.6. Tuttavia, si può dimostrare che l'inferenza sui parametri β_j del modello può farsi applicando i risultati presentati nei paragrafi precedenti.

Nella pratica, si presentano due situazioni diverse. La prima è quando in fase di formazione del campione si estraggono tante unità sane quante le unità in default. La seconda è quando si dispone di un campione casuale fortemente sbilanciato. In tal caso, la procedura implica che si estragga da questo in modo casuale una frazione delle unità sane, tale da riportare il campione ad essere bilanciato. Le unità non estratte non partecipano al processo di stima e possono essere messe a formare il campione di convalida.

In questo contesto sono state anche implementate tecniche che combinano le stime ottenute su insiemi di dati diversi. Queste sono tipicamente il *bagging* e il *boosting*. La prima si basa sulla ripetizione un numero elevato di volte della estrazione casuale delle unità sane, in modo da formare molti campioni di sviluppo. La stima della funzione di score è la media delle stime ottenute in ogni estrazione. La seconda è una procedura iterativa che ad ogni passo calcola la funzione di score su un insieme di dati diverso, ottenuto assegnando ad ogni unità una probabilità diversa di entrare nel processo di stima. In particolare, viene data maggiore probabilità di entrata alle unità che sono state classificate male nel passo precedente.

Il problema dello sbilanciamento del campione viene risolto, talvolta, con procedure euristiche che introducono delle distorsioni sistematiche nel modello. Come già detto, la finestra temporale di osservazione del campione di campione di sviluppo deve essere costante per tutte le osservazioni. Tuttavia, poiché in questo intervallo temporale si hanno poche insolvenze, si tende ad utilizzare il più lungo periodo di osservazione per ogni unità. In tal caso, a parità di altre condizioni, i crediti accesi prima hanno maggiore probabilità di default. Se ad esempio vi è un trend negativo nell'ammontare richiesto, questo può indurre una apparente correlazione negativa fra la probabilità di default e l'ammontare del credito. In generale, è importante che lo schema di sotto-campionamento avvenga in modo casuale. Se ciò non è verificato, la probabilità che una unità sia inserita nel campione varia con x, e ciò genera complicazioni in fase di stima del modello.

3.13 Un'analisi mediante il modello logistico

I dati che andiamo ad analizzare sono stati in parte presentati nell'esempio 1.2 del primo capitolo. Essi si riferiscono ad uno studio sul comportamento dei titolari di una carta di credito revolving emessa da Findomestic S.P.A.. Il campione è formato dai soggetti che hanno aperto la carta nei primi sei mesi del 1997 ed ai quali è stato assegnato un limite di utilizzo inferiore a 2.5 milioni di lire. Questi sono 19149, di cui 4000 unità sono poste a comporre il campione di convalida. La variabile Flag misura il grado di utilizzo della carta al dicembre dell'anno successivo all'apertura, ed assume valore '0' se la carta è stata disattivata e '1' altrimenti. Oltre alle variabili socio-economiche presentate nell'esempio 1.2, su ogni cliente sono stati rilevati: lo stato civile (variabile Statciv con modalità: '1' se sposato; '0' altrimenti), il numero di figli (variabile Figli con modalità: '0' se nessuno; '1' se almeno 1), l'età (variabile Età con modalità: '0' se compresa fra 18 e 44 anni; '1' se fra 45 e 54 anni; '2' se maggiore o uguale a 55 anni) e il limite massimo di credito (variabile Credlim con modalità: '1' se inferiore a 1.5 milioni di lire; '2' se superiore). Come livello di riferimento si è posto, nel caso di codifica numerica, la modalità corrispondente al numero più basso, mentre nel caso della variabile Proprietà si è posto il livello 'No'. Dal momento che i parametri del modello rappresentano le distanze dei logit dal livello di riferimento, è importante che tale livello si riferisca ad un gruppo di unità che non presenta comportamenti anomali e che rappresenti una frazione consistente della popolazione obiettivo. Questo studio è parte di uno studio più ampio, i cui risultati sono descritti in Stanghellini (2003), in cui si riportano, fra l'altro, i dettagli della procedura di categorizzazione delle variabili continue.

Ogni analisi statistica inizia con la visualizzazione dei dati mediante grafici costruiti opportunamente. Il più comune è il diagramma di dispersione della Y in funzione di una esplicativa X. Nel caso in cui la variabile Y è binaria, tuttavia, questa rappresentazione non è utile. Una alternativa è quella di calcolare, per ogni modalità della variabile esplicativa X, il logaritmo degli odds osservati nel campione (nel caso in cui la variable esplicativa X sia continua, questa analisi deve farsi previo raggruppamento di X in classi). Il vettore di logaritmi viene rappresentato graficamente in un diagramma di dispersione in cui l'asse delle ascisse riporta i valori della

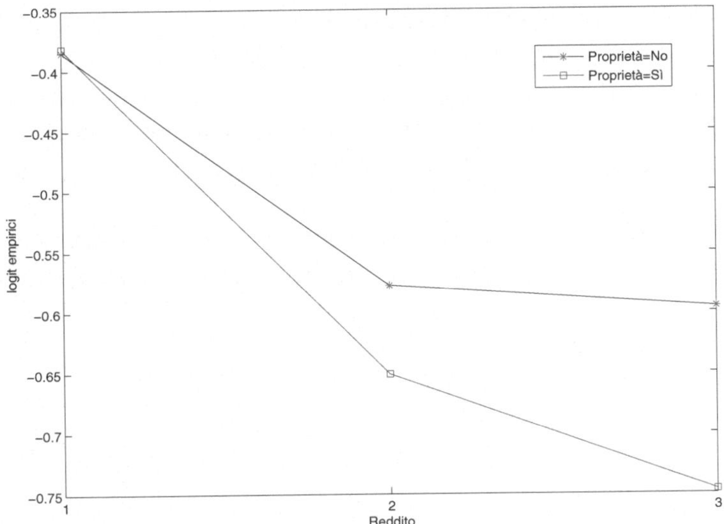

Figura 3.3. Andamento dei logit empirici rispetto a Reddito e Proprietà

X (di comodo se categoriale) e l'asse delle ordinate riporta i valori dei logit empirici. L'analisi può ripetersi anche per tabelle di contingenza ottenute condizionando sui valori di una seconda variabile esplicativa categoriale.

L'andamento grafico si riflette nella forma della funzione che nel modello logistico lega il logit alle esplicative. In Figura 3.3 è riportato l'andamento del logaritmo degli odds nei tre livelli della variabile Reddito, nei sottogruppi individuati dalla variabile Proprietà. Si nota un effetto decrescente del reddito sui logit empirici, e un effetto negativo della proprietà di abitazione. Le due spezzate non sono parallele, ma l'effetto negativo del reddito sembra essere più incisivo nel gruppo dei proprietari. Sembra delinearsi, pertanto, una interazione fra le due variabili esplicative.

Le analisi preliminari, sebbene marginali rispetto alle altre variabili esplicative, servono a dare una prima idea degli effetti delle variabili e conducono ad una migliore interpretazione dei risultati. Le successive analisi, con metodi inferenziali, daranno una misura di quanto gli andamenti così evidenziati possano essere attribuiti a fluttuazioni casuali dovute al campionamento oppure siano da considerarsi presenti nella popolazione.

Nel caso di tabelle sparse, si può avere un numero molto limitato di successi e insuccessi per cella della tabella di contingenza. In tal caso i logit empirici si basano su un numero di unità molto ridotto e sono pertanto instabili. Si procede, pertanto, ad un aggiustamento ad hoc che consiste nell'aumentare di un valore arbitrariamente piccolo le frequenze osservate nella tabella di contingenza ottenuta dalla classificazione congiunta delle unità secondo sia Y che le esplicative. Cox (1970, cap. 6) dimostra che il valore ottimale è 0.5.

La procedura di selezione del modello che seguiamo è del tipo backward descritta nel paragrafo 3.9. Nella tabella 3.1 sono riportati, per ogni modello con una sola esplicativa, i dettagli del confronto con il modello con l'intercetta. Essa riporta la differenza fra le devianze, i gradi di libertà e il p-value. Come si può notare, le variabili Età e Credlim risultano moderatamente significative. Tuttavia, per i motivi espressi nella sezione 3.9, vengono inserite nelle analisi successive.

Tabella 3.1. Confronto fra modelli logistici semplici e modello logistico con solo l'intercetta: dettagli

Modello	Diff. devianze	Diff. g.d.l.	p-value
(1) Età	5.42	2	0.070
(2) Reddito	50.34	2	0.000
(3) Figli	28.01	1	0.000
(4) Proprietà	0.12	1	0.003
(5) Statciv	35.43	1	0.000
(6) Credlim	3.40	1	0.070
(7) T9712	931.99	1	0.000

Dal momento che la tabella ottenuta dalla classificazione delle unità secondo le variabili esplicative è abbastanza sparsa, il modello che poniamo come base della selezione backward contiene le sole interazioni del secondo ordine delle variabili selezionate. La devianza del modello ridotto è pari a 96.679 con 100 gradi di libertà, che indica comunque un buon adattamento. Tuttavia, il calcolo del p-value sulla base dell'approssimazione alla distribuzione χ^2 non è attendibile. Il confronto fra i due modelli sulla base del criterio AIC, pari a 1370.8 per il saturo e a 1267.4 per il ridotto, è a favore del secondo.

La Tabella 3.2 riporta i dettagli relativi al confronto fra il modello di base e i $\binom{7}{2}$ modelli ottenuti da questo ponendo a zero i parametri che formano le interazioni del secondo ordine fra coppie di variabili, singolarmente considerate. Questi confronti sono necessari per il completamento del primo passo della procedura backward, che seleziona il modello con il minore valore di AIC, in questo caso dato dal modello (2). Questo sarà posto a base del secondo passo della procedura.

Tabella 3.2. Primo passo della selezione backward ponendo come modello di base il modello con tutte le interazioni doppie: dettagli

Modello	g.d.l.	Devianze	AIC	Diff. Devianze	p-value
(1) Base		285.93	1169.43		
(2) (1)-Figli:Credlim	1	285.96	1169.46	0.03	0.8654177
(3) (1)-Statciv:T9712	1	286.24	1169.73	0.30	0.5834429
(4) (1)-Proprietà:T9712	1	286.37	1169.87	0.43	0.5103015
(5) (1)-Reddito:Statciv	2	286.43	1169.93	0.50	0.7791365
(6) (1)-Età:Figli	2	286.44	1169.94	0.51	0.7767086
(7) (1)-Figli:T9712	1	286.52	1170.02	0.59	0.4428608
(8) (1)-Reddito:Proprietà	2	286.65	1170.14	0.71	0.7001601
(9) (1)-Reddito:Figli	2	286.86	1170.35	0.92	0.6304615
(10) (1)-Reddito:T9712	2	287.11	1170.61	1.18	0.5551459
(11) (1)-Età:T9712	2	287.21	1170.71	1.28	0.5279938
(12) (1)-Proprità:Statciv	1	288.52	1172.01	2.58	0.1081280
(13) (1)-Figli:Statciv	1	288.78	1172.28	2.85	0.0915253
(14) (1)-Eta:Credlim	2	289.06	1172.56	3.13	0.2093228
(15) (1)-Eta:Statciv	2	289.59	1173.08	3.65	0.1610130
(16) (1)-Statciv:Credlim	1	289.90	1173.40	3.97	0.0463838
(17) (1)-Età:Rescode	2	290.54	1174.03	4.60	0.1001265
(18) (1)-Età:Reddito	4	291.99	1175.49	6.06	0.1947246
(19) (1)-Reddito:Credlim	2	292.26	1175.76	6.33	0.0422940
(20) (1)-Credlim:T9712	1	294.85	1178.34	8.91	0.0028328
(21) (1)-Figli:Proprietà	1	296.46	1179.95	10.52	0.0011804
(22) (1)-Proprietà:Credlim	1	298.25	1181.75	12.32	0.0004488

Nella Tabella 3.3 sono riportati i dettagli del modello selezionato con la procedura proposta. L'età, il reddito e l'essere proprietari di una abitazione non gravata da mutuo hanno un effetto negativo sulla probabilità stimata che un cliente abbia la carta di credito attiva 31 dicembre dell'anno successivo all'apertura, mentre l'avere figli e l'essere sposati hanno un effetto positivo; al crescere del limite di credito, inoltre, aumenta la probabilità di utilizzo della carta di credito. Si noti che questa variabile è fissata dall'ente erogatore, in funzione della rischiosità della operazione di finanziamento. I clienti nella fascia elevata del limite di credito hanno pertanto un profilo basso di rischiosità.

Gli effetti principali sono modificati dalle interazioni del secondo ordine. Ad esempio, l'interazione fra Età e Proprietà porta ad aumentare la probabilità di ricorrere alla forma di finanziamento nei proprietari che sono nella seconda e terza fascia di età, mentre l'interazione fra Reddito e Credlim determina una minore influenza del limite di credito nei soggetti nelle fasce elevate di reddito. L'interazione fra Reddito e Proprietà non risulta significativa e la differenza osservata fra le spezzate della Figura 3.3

Tabella 3.3. Modello finale: dettagli

Coefficienti	Stime	S.E.	z-value	p-value
Intercetta	-1.379	0.069	-20.127	0.000
Eta2	-0.009	0.065	-0.146	0.884
Eta3	-0.119	0.067	-1.791	0.073
Reddito2	-0.317	0.055	-5.709	0.000
Reddito3	-0.321	0.068	-4.691	0.000
Figli	0.292	0.065	4.509	0.000
Proprietà	-0.170	0.105	-1.618	0.106
Statciv	0.179	0.072	2.487	0.013
Credlim	0.171	0.110	1.547	0.123
T9712	1.069	0.065	16.564	0.000
Eta2:Proprietà	0.107	0.108	0.984	0.325
Eta3:Proprietà	0.257	0.104	2.467	0.014
Reddito2:Credlim	0.076	0.084	0.904	0.367
Reddito3:Credlim	-0.173	0.096	-1.803	0.071
Figli:Proprietà	-0.332	0.095	-3.478	0.001
Proprietà:Statciv	0.188	0.106	1.781	0.075
Proprietà:Credlim	-0.288	0.085	-3.374	0.001
Statciv:Credlim	-0.166	0.085	-1.943	0.052
Credlim:T9712	0.353	0.089	3.970	0.000

Devianza $= 117.285$ df $= 125$ AIC $= 1238.0$

si traduce, nel modello stimato, in un semplice effetto traslativo verso il basso della seconda variabile.

Nell'insieme, l'utilizzo della carta di credito è negativamente correlato con il benessere economico dei soggetti. Queste informazioni possono essere elaborate per definire la popolazione obiettivo di eventuali misure di fidelizzazione: dato l'effetto positivo dell'avere almeno un figlio sul ricorso a questa forma di finanziamento, la minore tendenza di coloro che hanno figli e sono proprietari di abitazione non gravata da mutuo può essere invertita attraverso opportune politiche aziendali. In Figura 3.4(a) è riportato il grafico della curva ROC calcolata sul campione di campione di sviluppo. L'indice I_{ROC} è pari a 0.313. In Figura 3.4(b) è riportato il grafico della curva ROC calcolata sul campione di convalida. L'indice I_{ROC} è pari a 0.285: Come atteso, il primo fornisce una sovrastima della capacità previsiva del modello.

Un'interpretazione alternativa dell'area sotto la curva ROC è la seguente. Si formino le $n_1 n_0$ coppie ordinate di unità del campione campione di sviluppo composte da una unità buona e da una unità cattiva. Si assegni peso pari ad 1 alle coppie in cui la probabilità stimata di successo del primo elemento è superiore a quella del secondo; si assegni peso pari a 1/2 nel

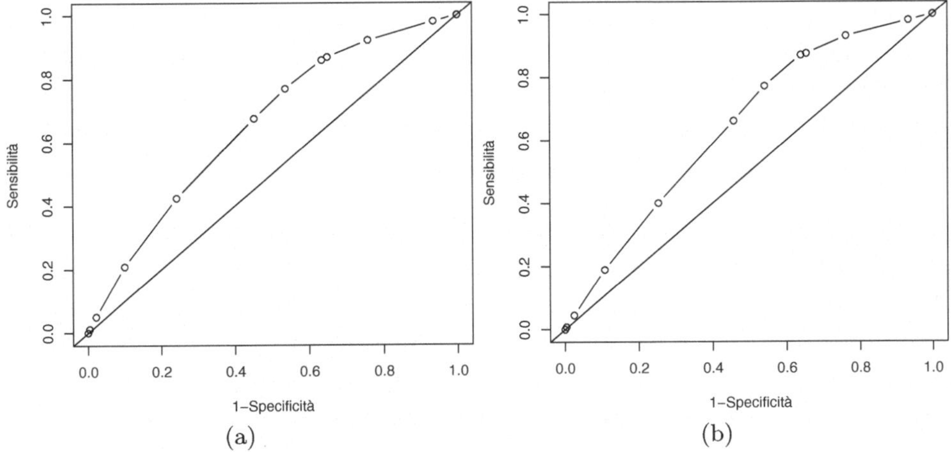

Figura 3.4. La curva ROC valutata (a) nel campione di sviluppo e (b) in quello di convalida

caso in cui le due probabilità stimate siano uguali (presenti solo nel caso di esplicative discrete) e peso pari a 0 altrimenti. Si dimostra (si veda Hanley e McNeil, 1982) che la somma dei pesi divisa per $n_1 n_0$ è pari all'area sotto la curva ROC e, pertanto, è pari all'indice $\frac{1}{2} \times I_{ROC} + 0.5$. Questa area è, di conseguenza, anche una misura della concordanza fra la stima della funzione di score e il valore osservato, e diventa pari a 0.5 nel caso di una assegnazione casuale. Il valore dell'area sotto la curva ROC è, nel campione di convalida, pari a 0.643 e denota un moderato miglioramento rispetto alla assegnazione casuale.

3.14 Note bibliografiche

Il modello logistico è stato inizialmente elaborato da Berskon (1944) in ambito biometrico, sulla base di contributi precedenti degli statistici R.A. Fisher, F. Yates e M.S. Bartlett. Cox (1970), in un libro interamente dedicato all'analisi dei dati binari, ne fornisce una discussione estesa e formalizza i problemi di stima. Il modello logistico è stato successivamente studiato come caso particolare di una classe di modelli, noti come lineari generalizzati, si veda McCullagh e Nelder (1989). Recenti lavori che forniscono una descrizione dettagliata del modello logistico sono Christensen (1997) oppure Agresti (2002). Hosmer e Lemeshow (2000) presentano il modello logistico con un interessante taglio applicativo. Un rassegna storica si trova in Agresti (2002, cap. 16).

Nell'ambito del credit scoring, il modello logistico è stato utilizzato a partire dagli anni '70. Martin (1977) e Ohlson (1980) lo utilizzano per studiare la probabilità di di bancarotta; Wigington (1980) propone, nel credito al consumo, un raffronto fra questo e l'analisi discriminante, strumento a quell'epoca molto più popolare nel settore. Ulteriori riferimenti bibliografici sui primi contributi si possono trovare in Zavgren (1985).

Per gli algoritmi di massimizzazione della funzione di verosimiglianza si veda, ad esempio, Tanner (1996, cap. 2). Le stime di massima verosimiglianza esistono e sono uniche, ad eccezione dei casi in cui vi è una relazione deterministica fra Y e le esplicative (si veda Agresti, 2002, cap. 5, per dettagli). Tecniche di stima alternative alla massima verosimiglianza sono il metodo dei minimi quadrati ponderati o le stime attraverso metodi bayesiani. La prima, sviluppata da Grizzle et al. (1969), si basa sulla similarità fra le equazioni di stima dei minimi quadrati nel modello lineare e quelle di massima verosimiglianza del modello logistico. Il lettore interessato può consultare Agresti (2002, cap. 15) oppure Christensen (1997, cap. 11).

Per la teoria alla base dei test statistici presentati si rimanda a Azzalini (2001, cap. 4). Le derivazioni nel caso del modello logistico con variabili esplicative continue sono in McCullagh and Nelder (1989, cap. 4) oppure Agresti (2000, cap. 14). Cressie e Read (1989) confrontano la distribuzione asintotica dei due test G^2 e X^2 sotto diverse condizioni. Una introduzione ai test esatti è in Agresti (2002, cap. 6).

Una approfondita discussione del criterio AIC, proposto da Akaike (1973), e di altri criteri di penalizzazione della funzione di verosimiglianza è in Burnham e Anderson (1998, 2004). Indici di adattamento che costituiscono l'analogo dell'indice R^2 nel modello lineare sono riportati in Hosmer e Lemeshow (2000, cap. 5). Si veda anche Zheng e Agresti (2000) e Estrella (2004).

Per l'analisi delle forme funzionali per l'inserimento di variabili esplicative continue si veda Hosmer e Lemeshow (2000, cap. 4). Metodi per suddividere le variabili continue in categoriali o per accorpare livelli di variabili categoriali ordinate sono illustrati in Wermuth e Cox (1998) e applicate al contesto in studio in Stanghellini (2003). Procedure per la diagnostica del modello, basate sull'analisi dei residui, sono in Hosmer e Lemeshow (2000, cap. 5).

Prentice e Pyke (1979) studiano in dettaglio i problemi di stima con il modello logistico nel caso di campioni bilanciati secondo la risposta, detti anche studi caso-controllo; si veda anche Christensen (1997, cap. 11). Per l'uso del modello logistico nella classificazione di eventi rari si veda King e

Zeng (2001). Le tecniche di bagging e boosting, con i riferimenti biliografici, sono presentate in Azzalini e Scarpa (2004, cap 5).

La probabilità ottimale e reale non esauriscono la casistica delle probabilità di errore che possono essere di interesse in questo contesto. Una rassegna è in Huberty (1994, cap. 3), con i relativi riferimenti bibliografici.

Problemi

3.1. Si costruisca la matrice del disegno di un modello logistico semplice con una esplicativa categoriale X a tre livelli in cui si pone $\beta_1 = \beta_2$.

3.2. Si dica che relazione vi è fra i parametri del modello logistico in cui si è posto successo l'evento Solvibilità='Sì' e quelli nel caso in cui si è posto successo l'evento Solvibilità='No'.

3.3. Si abbia una tabella di contingenza a due entrate secondo Y e X binarie. Si dica che relazione c'è fra i parametri β e β' dei seguenti modelli:

$$\mathrm{logit}\pi(x) = \alpha + \beta x \quad \mathrm{logit}\pi(y) = \alpha' + \beta' y.$$

3.4. Si consideri modello logistico semplice (3.3), con una esplicativa categoriale con I livelli. Si verifichi che le equazioni di verosimiglianza implicano che:

   (a) se il modello è saturo $w_i = \hat{w}_i$ per ogni riga i;

   (b) se il modello contiene solo l'intercetta $\hat{\alpha} = \log \frac{\sum_i w_i}{n - \sum_i w_i}$, con n la numerosità del campione di campione di sviluppo.

3.5. Si verifichi che nel caso in cui $n_i = 1$ per ogni i,

$$G^2 = -2 \sum_i \left\{ \hat{\pi}(\mathbf{x}_i) \log\left(\frac{\hat{\pi}(\mathbf{x}_i)}{1 - \hat{\pi}(\mathbf{x}_i)} \right) + \log[1 - \hat{\pi}(\mathbf{x}_i)] \right\}$$

e pertanto la devianza è una funzione deterministica di $\hat{\boldsymbol{\beta}}$.

3.6. Si costruisca la matrice del disegno del modello (3.6) e si scriva il modello in forma matriciale.

4

L'analisi discriminante

4.1 Introduzione

A differenza del modello logistico, l'analisi discriminante è nata come strumento di classificazione. Nella sua prima formulazione, che risale a Fisher (1936), essa costituisce un metodo per descrivere, attraverso una funzione unidimensionale, la differenza fra due popolazioni e allocare ciascuna osservazione alla popolazione di provenienza. Sebbene questo problema sia diverso dal classificare una osservazione in relazione ad un comportamento che si manifesta nel futuro, che è l'obiettivo del credit scoring, l'analisi discriminante si è rivelata uno strumento efficace di classificazione nell'ambito del rischio di credito ed è pertanto uno dei metodi statistici più utilizzati. La derivazione della funzione discriminante sotto l'ipotesi di normalità è presentata nel paragrafo 4.2 dove si mostra, fra l'altro, che se è possibile assumere che le matrici delle varianze e delle covarianze nelle popolazioni dei buoni e dei cattivi siano uguali, la funzione discriminante si semplifica in una forma lineare. Il problema della stima della funzione discriminante è affrontato nel paragrafo 4.2.1, mentre nel paragrafo 4.2.2 si presenta una procedura statistica per verificare le ipotesi di uguaglianza delle matrici delle varianze e delle covarianze nelle due popolazioni. Nel paragrafo 4.3 si mostra che la funzione discriminante lineare stimata è quella che massimizza la distanza, opportunamente riscalata, fra le funzioni di score nei due gruppi di unità, quelle sane e quelle insolventi.

Come nel modello logistico, anche nel caso della funzione discriminante è opportuno disporre di procedure statistiche rigorose per decidere se il modello selezionato è parsimonioso. Nel paragrafo 4.4 si presentano dei test per valutare l'apporto informativo di una o più variabili. La esatta determinazione delle probabilità di errore ottimali può farsi solamente in

Stanghellini E.: Introduzione ai metodi statistici per il credit scoring.
© Springer-Verlag Italia 2009, Milano

un contesto parametrico. Nel paragrafo 4.5 si valutano le probabilità sotto l'ipotesi di normalità congiunta delle variabili. Quando questa ipotesi non vale, le probabilità di errore debbono essere stimate. Nel paragrafo 3.10 si è presentato un metodo basato sulla costruzione della tabella di errata classificazione. Tuttavia, come sottolineato in quella sede, la costruzione della tabella implica l'avere a disposizione un campione di ampiezza tale da permettere che alcune unità vengano escluse dalla stima senza inficiare la precisione dei risultati. Nel caso di piccoli campioni, questo non è possibile ed altre tecniche si rendono necessarie. Queste sono presentate nel paragrafo 4.6. Nel paragrafo 4.7 si mettono a confronto il modello logistico e l'analisi discriminante, ponendo in evidenza la relazione fra i due modelli. Un'applicazione ad una campione di imprese è presentata nel paragrafo 4.8.

4.2 Il caso normale

Nell'analisi discriminante classica si assume che la forma della $f_r(\cdot)$ sia una normale multipla (si veda l'Appendice A) con valore atteso $\boldsymbol{\mu}_r$ e matrice delle varianze e delle covarianze $\boldsymbol{\Sigma}_r$.

Questa ipotesi conduce alla seguente espressione del logaritmo del rapporto delle densità condizionate nella (1.5):

$$\log \frac{f_1(\mathbf{x})}{f_0(\mathbf{x})} = \tfrac{1}{2}\log \mid \boldsymbol{\Sigma}_0 \mid\mid \boldsymbol{\Sigma}_1 \mid^{-1} -\tfrac{1}{2}[\mathbf{x}^T(\boldsymbol{\Sigma}_1^{-1} - \boldsymbol{\Sigma}_0^{-1})\mathbf{x}-$$
$$-2\mathbf{x}^T(\boldsymbol{\Sigma}_1^{-1}\boldsymbol{\mu}_1 - \boldsymbol{\Sigma}_0^{-1}\boldsymbol{\mu}_0) + \boldsymbol{\mu}_1^T \boldsymbol{\Sigma}_1^{-1}\boldsymbol{\mu}_1 - \boldsymbol{\mu}_0^T \boldsymbol{\Sigma}_0^{-1}\boldsymbol{\mu}_0]. \tag{4.1}$$

A seconda delle ipotesi sulle matrici $\boldsymbol{\Sigma}_0$ e $\boldsymbol{\Sigma}_1$, si delineano due possibili situazioni.

$\rightarrow$ *L'analisi discriminante quadratica.* Si indichi con $Q(\mathbf{x})$ il $\log\frac{f_1(\mathbf{x})}{f_0(\mathbf{x})}$. Possiamo riscrivere la (1.5) nel modo seguente:

$$A_1 = \left\{ \mathbf{x} \mid Q(\mathbf{x}) > \log \frac{C(1 \mid 0)}{C(0 \mid 1)} + \log \frac{P(Y = 0)}{P(Y = 1)} \right\}.$$

L'espressione di $Q(\mathbf{x})$ è data dalla (4.1). Dalla relazione fra il rapporto delle densità condizionate e la funzione di score, in (1.9), discende che la funzione così determinata minimizza il valore atteso del costo derivante dall'errore di classificazione. Nel seguito indicheremo con k il valore della soglia che compare nell'espressione precedente, ovvero

$$k = \frac{C(1 \mid 0)}{C(0 \mid 1)} \frac{P(Y=0)}{P(Y=1)}.$$

Ovviamente $k = c\frac{P(Y=0)}{P(Y=1)}$, con c il valore di soglia precedentemente definito.

La funzione $Q(\mathbf{x})$ è detta funzione discriminante quadratica, dal momento che vi compare il termine $\mathbf{x}^T(\boldsymbol{\Sigma}_1^{-1} - \boldsymbol{\Sigma}_0^{-1})\mathbf{x}$. Nonostante questa regola sia molto generale dal punto di vista teorico, non è molto utilizzata nella pratica in quanto non porta a risultati ottimali. La ragione risiede nell'elevato numero di parametri da stimare attraverso le osservazioni campionarie, che dà luogo ad una elevata varianza della funzione discriminante stimata, e di conseguenza ad una forte instabilità dei risultati.

$\rightarrow$ *L'analisi discriminante lineare.* Qualora sia ragionevole, si assume che $\boldsymbol{\Sigma}_0 = \boldsymbol{\Sigma}_1 = \boldsymbol{\Sigma}$. In tal caso la (4.1) si semplifica, dopo alcuni passaggi (si veda l'esercizio 4.1), nella seguente:

$$R(\mathbf{x}) = (\boldsymbol{\mu}_1 - \boldsymbol{\mu}_0)^T \boldsymbol{\Sigma}^{-1}[\mathbf{x} - \frac{1}{2}(\boldsymbol{\mu}_1 + \boldsymbol{\mu}_0)]. \tag{4.2}$$

Di conseguenza, la (1.5) diventa:

$$A_1 = \{\mathbf{x} \mid R(\mathbf{x}) > \log k\}.$$

Si noti che la funzione $R(\mathbf{x})$ è una funzione lineare delle $\mathbf{x}$, ed è pertanto detta funzione discriminante lineare. Indicando infatti con $\boldsymbol{\alpha}^T = (\alpha_1, \alpha_2, \ldots, \alpha_p)$ il vettore tale che:

$$\boldsymbol{\alpha} = \boldsymbol{\Sigma}^{-1}(\boldsymbol{\mu}_1 - \boldsymbol{\mu}_0)$$

e con $\alpha_0 = -\frac{1}{2}(\boldsymbol{\mu}_1 - \boldsymbol{\mu}_0)^T \boldsymbol{\Sigma}^{-1}(\boldsymbol{\mu}_1 + \boldsymbol{\mu}_0)$ possiamo scrivere l'insieme A_1 come:

$$A_1 = \{\mathbf{x} \mid \boldsymbol{\alpha}^T\mathbf{x} > \alpha_0 + \log k\}.$$

La regione così determinata contiene quella dell'esercizio 1.2 come caso particolare. In Figura 4.1 è riportata la funzione lineare $R(\mathbf{x})$ nel caso in cui $p = 2$. Nell'esempio, le due popolazioni P_0 e P_1 hanno una elevata sovrapposizione rispetto alla X_1 e sono perfettamente sovrapposte rispetto alla variabile X_2. Di conseguenza, un modello che si limiti a considerare una variabile sola non è ottimale. La migliore funzione discriminante è basata sull'utilizzo congiunto delle due variabili.

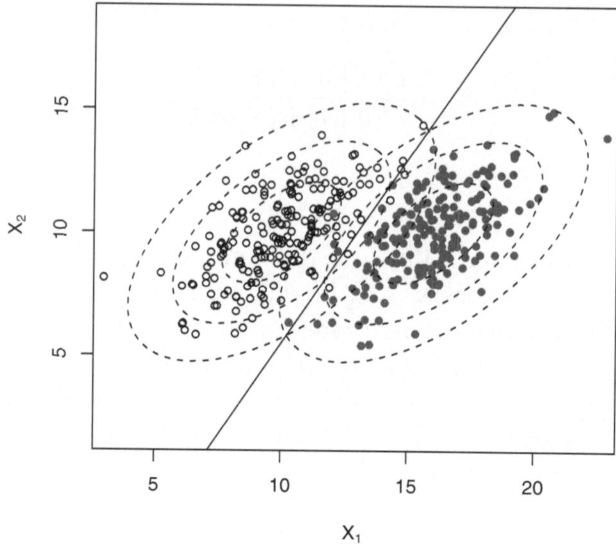

Figura 4.1. Esempio di funzione discriminante lineare nel caso gaussiano bivariato

4.2.1 La stima della funzione discriminante

Le funzioni discriminanti determinate nel paragrafo precedente sono funzione dei parametri $\boldsymbol{\mu}_r$ e $\boldsymbol{\Sigma}_r$, $r \in \{0, 1\}$. Come abbiamo detto, questi parametri non sono noti e devono essere stimati attraverso due campioni casuali estratti da P_0 e P_1. In questo lavoro facciamo esplicito riferimento all'approccio detto *plug-in*. Questo consiste nel sostituire i parametri $\boldsymbol{\mu}_r$ e $\boldsymbol{\Sigma}_r$ che compaiono nella espressione della funzione discriminante con delle stime opportune, arrivando così ad una funzione discriminante stimata.

Sia n_0 la numerosità del campione casuale estratto da P_0 di osservazioni e n_1 la numerosità del campione casuale estratto da P_1. Sia infine $n = n_0 + n_1$. Siano $\bar{\mathbf{x}}_r$ e $\mathbf{V}_r$, $r \in \{0, 1\}$, le stime dei parametri delle due popolazioni ottenute attraverso il metodo della massima verosimiglianza (con alcune modifiche, si veda l'Appendice C per dettagli). La funzione discriminante quadratica stimata con il metodo plug-in ha espressione:

$$\hat{Q}(\mathbf{x}) = \tfrac{1}{2}\log \mid \mathbf{V}_0 \mid / \mid \mathbf{V}_1 \mid - \tfrac{1}{2}[\mathbf{x}^T(\mathbf{V}_1^{-1} - \mathbf{V}_0^{-1})\mathbf{x} - $$

$$- 2\mathbf{x}^T(\mathbf{V}_1^{-1}\bar{\mathbf{x}}_1 - \mathbf{V}_0^{-1}\bar{\mathbf{x}}_0) + \bar{\mathbf{x}}_1^T\mathbf{V}_1^{-1}\bar{\mathbf{x}}_1 - \bar{\mathbf{x}}_0^T\mathbf{V}_0^{-1}\bar{\mathbf{x}}_0].$$

Nel caso lineare, invece, $\boldsymbol{\Sigma}_0 = \boldsymbol{\Sigma}_1 = \boldsymbol{\Sigma}$. I parametri da stimare sono pertanto i vettori $\boldsymbol{\mu}_r$, $r \in \{0, 1\}$, e la matrice delle varianze e delle covarianze $\boldsymbol{\Sigma}$. In questo secondo caso, la stima della matrice delle varianze e delle covarianze Σ si effettua attraverso la matrice delle varianze e delle covarianze campionaria *pooled*, così derivata.

Si indichi con $\mathbf{W}$ la matrice delle devianze e delle codevianze interne ai gruppi, data dalla seguente:

$$\mathbf{W} = (n_0 - 1)\mathbf{V}_0 + (n_1 - 1)\mathbf{V}_1.$$

La matrice $\mathbf{W}$ esprime la variabilità interna ai due gruppi. Un'espressione alternativa di $\mathbf{W}$ è la (C.2), presentata in Appendice C. La matrice delle varianze e delle covarianze campionarie pooled ha espressione:

$$\mathbf{S} = \frac{1}{n_0 + n_1 - 2}\mathbf{W}. \tag{4.3}$$

Si verifica che la matrice $\mathbf{S}$ è una stima corretta della matrice delle varianze e delle covarianze Σ, ottenuta da una modifica del denominatore della stima di massima verosimiglianza (si veda l'Appendice C). In tal caso la funzione discriminante lineare stimata con il metodo plug-in sarà:

$$\hat{R}(\mathbf{x}) = (\bar{\mathbf{x}}_1 - \bar{\mathbf{x}}_0)^T \mathbf{S}^{-1}[\mathbf{x} - \frac{1}{2}(\bar{\mathbf{x}}_1 + \bar{\mathbf{x}}_0)]. \tag{4.4}$$

Ponendo ora $\hat{\boldsymbol{\alpha}}^T = (\hat{\alpha}_1, \hat{\alpha}_2, \ldots, \hat{\alpha}_p)$ il vettore tale che

$$\hat{\boldsymbol{\alpha}} = \mathbf{S}^{-1}(\bar{\mathbf{x}}_1 - \bar{\mathbf{x}}_0) \tag{4.5}$$

e con $\hat{\alpha}_0 = -\frac{1}{2}(\bar{\mathbf{x}}_1 - \bar{\mathbf{x}}_0)^T \mathbf{S}^{-1}(\bar{\mathbf{x}}_1 + \bar{\mathbf{x}}_0)$ possiamo scrivere la (4.4) come:

$$\hat{R}(\mathbf{x}) = \hat{\alpha}_0 + \hat{\boldsymbol{\alpha}}^T \mathbf{x}.$$

La regione di accettazione basata sulla funzione discriminante lineare stimata attraverso il campione sarà determinata di conseguenza, ovvero

$$A_1 = \{\mathbf{x} \mid \hat{\boldsymbol{\alpha}}^T \mathbf{x} > \hat{\alpha}_0 + \log k\}.$$

Si noti che, a meno di una costante, il valore $\hat{\boldsymbol{\alpha}}^T \mathbf{x}$ è lo score calcolato utilizzando l'analisi discriminante lineare. Il valore $\hat{\boldsymbol{\alpha}}^T \bar{\mathbf{x}}_0$ è il valore medio dello score nelle unità cattive e, analogamente, $\hat{\boldsymbol{\alpha}}^T \bar{\mathbf{x}}_1$ è il valore medio dello score nelle unità buone. Maggiore è la distanza fra le due medie, minore è la probabilità di compiere un errore di allocazione. Nel paragrafo 4.3 mostreremo come la funzione discriminante lineare è, sotto le ipotesi fatte, la funzione che più allontana le medie dei due gruppi, opportunamente riscalate.

4.2.2 Test per l'ipotesi di varianze e covarianze costanti

Per valutare l'ipotesi che la matrice delle varianze e delle covarianze sia costante nelle due popolazioni esistono in letteratura numerosi test. Questi si basano sulla assunzione che le v.c. $(X_1, X_2, \ldots, X_p)$ siano congiuntamente gaussiane. Formalmente, sia $H_0 : \boldsymbol{\Sigma}_0 = \boldsymbol{\Sigma}_1$ e sia $H_1 : \boldsymbol{\Sigma}_0 \neq \boldsymbol{\Sigma}_1$. I test si basano sulla grandezza M di Box:

$$M = [(n_0 - 1) + (n_1 - 1)] \log |\mathbf{S}| - [(n_0 - 1) \log |\mathbf{V}_0| + (n_1 - 1) \log |\mathbf{V}_1|].$$

La grandezza assume valori positivi e sarà piccola sotto H_0. Varie trasformazioni di M sono state studiate in letteratura. Queste conducono a distribuzioni di tipo F di Fisher o χ^2. La statistica è molto sensibile sia a piccole differenze delle matrici che a deviazioni dalla ipotesi di gaussianità e porta al rifiuto dell'ipotesi nulla troppo spesso. Dal momento che, come vedremo nel prossimo paragrafo, la funzione discriminante lineare può essere derivata anche senza l'ipotesi di normalità, si consiglia di scegliere un livello di significatività α abbastanza piccolo.

Nel caso univariato, il test si basa sul rapporto degli stimatori corretti delle varianze campionarie (si veda l'Appendice C), che ha distribuzione sotto H_0 come una F di Fisher, con gradi di libertà pari a $(n_0 - 1)$ e $(n_1 - 1)$.

4.3 La funzione discriminante di Fisher*

La funzione discriminante determinata in precedenza coincide, a meno di un valore costante, con quella individuata da Fisher (1936). Fisher partiva dalla unica ipotesi che la matrice delle varianze e delle covarianze delle due popolazioni fosse uguale, senza alcun riferimento alla forma della distribuzione $f_r(\mathbf{x})$. Indicando con $\mathbf{S}$ la stima della matrice delle varianze e delle covarianze pooled e con $\boldsymbol{\lambda}$ un vettore di dimensioni $p \times 1$ egli derivò la funzione lineare $\boldsymbol{\lambda}^T \mathbf{x}$ come la funzione che maggiormente allontana le medie dei due gruppi, ovvero tale che:

$$\psi = \frac{(\boldsymbol{\lambda}^T \bar{\mathbf{x}}_1 - \boldsymbol{\lambda}^T \bar{\mathbf{x}}_0)^2}{\boldsymbol{\lambda}^T \mathbf{S} \boldsymbol{\lambda}}$$

sia massima. Si noti che il numeratore è il quadrato della distanza fra le medie della funzione lineare nei due campioni. Il denominatore è invece la varianza campionaria della funzione. Si noti inoltre che ψ non cambia se $\boldsymbol{\lambda}$ viene moltiplicato per una costante arbitraria.

Differenziando ψ rispetto a λ_j si ottiene il sistema delle derivate parziali di equazioni:

$$\frac{\partial \psi}{\partial \lambda_j} = 2\frac{(\boldsymbol{\lambda}^T\bar{\mathbf{x}}_1 - \boldsymbol{\lambda}^T\bar{\mathbf{x}}_0)\lambda_j(\bar{x}_{j1} - \bar{x}_{j0})\boldsymbol{\lambda}^T\mathbf{S}\boldsymbol{\lambda} - \mathbf{S}_{j.}\boldsymbol{\lambda}(\boldsymbol{\lambda}^T\bar{\mathbf{x}}_1 - \boldsymbol{\lambda}^T\bar{\mathbf{x}}_0)^2}{(\boldsymbol{\lambda}^T\mathbf{S}\boldsymbol{\lambda})^2}$$

in cui $\mathbf{S}_{j.}$ è la j-esima riga di $\mathbf{S}$. Uguagliando a zero il sistema delle derivate parziali si trovano le due soluzioni:

$$\boldsymbol{\lambda}^T\bar{\mathbf{x}}_0 = \boldsymbol{\lambda}^T\bar{\mathbf{x}}_1$$

e

$$\bar{\mathbf{x}}_1 - \bar{\mathbf{x}}_0 = \mathbf{S}\boldsymbol{\lambda}\left(\frac{\boldsymbol{\lambda}^T\bar{\mathbf{x}}_1 - \boldsymbol{\lambda}^T\bar{\mathbf{x}}_0}{\boldsymbol{\lambda}^T\mathbf{S}\boldsymbol{\lambda}}\right)^2 .$$

Si verifica agevolmente che la prima soluzione conduce ad un punto di minimo, mentre la seconda soluzione conduce ad un punto di massimo. Di conseguenza il vettore $\boldsymbol{\lambda}$ che massimizza la distanza fra le medie dei due campioni è proporzionale a $\hat{\boldsymbol{\alpha}} = \mathbf{S}^{-1}(\bar{\mathbf{x}}_1 - \bar{\mathbf{x}}_0)$.

Si indichi con $\mathbf{B}$ la matrice delle devianze e delle codevianze tra gruppi, di espressione:

$$\mathbf{B} = n_1(\bar{\mathbf{x}}_1 - \bar{\mathbf{x}})(\bar{\mathbf{x}}_1 - \bar{\mathbf{x}})^T + n_0(\bar{\mathbf{x}}_0 - \bar{\mathbf{x}})(\bar{\mathbf{x}}_0 - \bar{\mathbf{x}})^T. \qquad (4.6)$$

Si noti che $\mathbf{B} + \mathbf{W} = \mathbf{T}$ con $\mathbf{T}$ la matrice delle devianze e delle codevianze totale, ottenuta ignorando la suddivisione nei due gruppi. Data la trasformazione lineare $\boldsymbol{\lambda}^T\mathbf{x}$, la grandezza $\boldsymbol{\lambda}^T\mathbf{B}\boldsymbol{\lambda}$ è una misura della dispersione delle medie di gruppo, mentre la grandezza $\boldsymbol{\lambda}^T\mathbf{W}\boldsymbol{\lambda}$ è una misura della dispersione interna ai gruppi. Maggiore è il rapporto fra le due misure, migliore è la capacità della trasformazione lineare di allontanare le medie dei due gruppi. Si può infatti dimostrare (si veda l'esercizio 4.2) che i coefficienti della funzione discriminante così determinata coincidono con i coefficienti che massimizzano l'espressione

$$\psi' = \frac{\boldsymbol{\lambda}^T\mathbf{B}\boldsymbol{\lambda}}{\boldsymbol{\lambda}^T\mathbf{W}\boldsymbol{\lambda}}$$

in cui si è posto $\psi' = \frac{n(n_0+n_1-2)}{n_1 n_0}\psi$. Questa espressione mette in evidenza che $\boldsymbol{\lambda}$ è il vettore di coefficienti che massimizzano il rapporto tra la devianza entro i gruppi e la devianza tra gruppi della trasformazione lineare. Da un risultato proprio dell'algebra lineare, si verifica che $\boldsymbol{\lambda}$ è l'autovettore associato al massimo autovalore della matrice $\mathbf{W}^{-1}\mathbf{B}$. Questo è normalizzato in modo da ottenere $\boldsymbol{\lambda}^T \mathbf{W} \boldsymbol{\lambda} = 1$. La variabile ottenuta dalla trasformazione $\boldsymbol{\lambda}^T \mathbf{x}$ è detta anche *canonica*.

Queste derivazioni fanno intuire che, diversamente dal caso della funzione discriminante quadratica, per la applicazione della funzione discriminante lineare, l'ipotesi di gaussianità delle variabili non sia essenziale. Tuttavia, alcuni autori fanno notare come il valore della costante $\hat{\alpha}_0$ e, di conseguenza, il valore della soglia che determina l'insieme A_1, dipenda dall'ipotesi di normalità. Nel caso un cui questa non sia supportata dai dati, si consiglia di utilizzare metodi empirici, basati sulla curva ROC, per determinare il valore ottimale (si veda Hastie et al., 2001, cap. 4).

4.4 La scelta delle variabili mediante test basati sulla normalità

In analogia con la selezione delle variabili in un modello logistico, anche nel contesto dell'analisi discriminante si pone il problema di evidenziare, mediante test statistici, le variabili la cui capacità discriminante è elevata togliendo quelle la cui influenza è irrilevante. I test si differenziano a seconda della natura delle variabili inserite nella funzione discriminante. In questo paragrafo descriviamo alcuni test che sono basati sulla ipotesi di normalità congiunta delle variabili.

→ *Test univariati*. Nel caso di uguaglianza delle matrici delle varianze e delle covarianze delle due popolazioni, una prima analisi può basarsi su test univariati, quali il test T di Student per la uguaglianza fra medie di due popolazioni. Siano μ_{0j} e μ_{1j} i valori attesi di X_j nelle due popolazioni e σ_{0j}^2 e σ_{1j}^2 le rispettive varianze. Si ponga $\sigma_{0j}^2 = \sigma_{1j}^2$. Il test per la verifica dell'ipotesi $H_0 : \mu_{0j} = \mu_{1j}$ contro l'alternativa $H_1 : \mu_{0j} \neq \mu_{1j}$ si basa sulla distribuzione T di Student. In particolare, la grandezza

$$t = \frac{\bar{x}_{1j} - \bar{x}_{0j}}{\sqrt{s_j\left(\frac{1}{n_0} + \frac{1}{n_1}\right)}}$$

in cui si è indicato con s_j il j-esimo elemento sulla diagonale principale di $\mathbf{S}$, ha, sotto H_0, distribuzione T di Student con $n_0 + n_1 - 2$ gradi di libertà. Si rifiuta H_0 se il valore osservato di T è elevato in modulo. In caso di numerosità campionaria elevata, questo test si può utilizzare anche quando l'ipotesi di normalità non vale. In tal caso, sotto H_0, la distribuzione della statistica tende asintoticamente ad una normale standardizzata.

Se le varianze delle due popolazioni sono diverse, occorre utilizzare una seconda statistica di espressione:

$$z = \frac{\bar{x}_{1j} - \bar{x}_{0j}}{\sqrt{\dfrac{v_{0j}}{n_0} + \dfrac{v_{1j}}{n_1}}}$$

in cui v_{0j} e v_{1j} sono gli elementi j-esimi sulla diagonale principale di $\mathbf{V}_0$ e $\mathbf{V}_1$. In tal caso, la statistica test non ha, per numerosità campionaria finita, una distribuzione T di Student (il problema è noto in letteratura come di Fisher-Behrens). Tuttavia, per numerosità campionaria elevata, la distribuzione della statistica è ben approssimata da una normale standardizzata.

Dal momento che i test univariati considerano il potere discriminante di una variabile alla volta, essi non tengono conto della struttura delle correlazioni fra le variabili e pertanto hanno una interpretabilità limitata. Si pensi infatti all'esempio in Figura 4.1: in tal caso un test sulla capacità discriminante di X_2, singolarmente considerata, porta con molta probabilità a concludere che la variabile non ha potere discriminante. Tuttavia, come si desume dal grafico, la funzione discriminante, $R(\mathbf{x})$, fa uso di entrambe le variabili. Ai test univariati, pertanto, devono essere affiancati test basati sulla distribuzione congiunta delle variabili, ovvero i test multivariati.

$\rightarrow$ *Test multivariati.* Un primo test è dato dalla estensione multivariata del test T precedente. Esso è noto come test T^2 di Hotelling per l'ipotesi $H_0 : \boldsymbol{\mu}_0 = \boldsymbol{\mu}_1$ di uguaglianza fra vettori di medie in due popolazioni, con uguale matrice delle varianze e delle covarianze, contro l'alternativa $H_1 : \boldsymbol{\mu}_0 \neq \boldsymbol{\mu}_1$. Il test si basa sulla seguente distanza standardizzata fra vettori di medie di due popolazioni:

$$\Delta^2 = (\boldsymbol{\mu}_1 - \boldsymbol{\mu}_0)^T \boldsymbol{\Sigma}^{-1} (\boldsymbol{\mu}_1 - \boldsymbol{\mu}_0) \tag{4.7}$$

nota come *distanza di Mahalanobis*. La sua stima campionaria può farsi attraverso la grandezza D^2, pari a:

$$D^2 = (\bar{\mathbf{x}}_1 - \bar{\mathbf{x}}_0)^T \mathbf{S}^{-1} (\bar{\mathbf{x}}_1 - \bar{\mathbf{x}}_0).$$

La statistica

$$T^2 = \frac{n_0 n_1}{n} D^2$$

si distribuisce sotto H_0 con distribuzione detta di Hotelling. Si verifica inoltre, che la trasformazione monotona $\frac{n-p-1}{(n-2)p} T^2$ si distribuisce come una

F di Fisher con gradi di libertà pari a p e $n - p - 1$. Valori elevati della statistica T^2 (o della F di Fisher) portano al rifiuto di H_0. Questo test viene utilizzato nel contesto in studio per valutare la capacità discriminante di un vettore di variabili congiuntamente considerate. Una ulteriore giustificazione dell'uso di D^2 come statistica per il test deriva dal fatto che:

$$D^2 = \hat{\boldsymbol{\alpha}}^T \bar{\mathbf{x}}_1 - \hat{\boldsymbol{\alpha}}^T \bar{\mathbf{x}}_0$$

con $\hat{\boldsymbol{\alpha}}^T \bar{\mathbf{x}}_r$, $r \in \{0, 1\}$, le medie di gruppo della funzione di score. Pertanto un valore elevato di D^2 denota una forte capacità della funzione discriminante lineare, calcolata sulle variabili congiuntamente considerate, di separare i due gruppi.

Nel caso di $\boldsymbol{\Sigma}_0 \neq \boldsymbol{\Sigma}_1$, i test proposti sono una generalizzazione del caso univariato.

Il problema della esclusione di variabili in un modello normale multiplo può essere impostato anche nel modo seguente. Sia $X = (X_A^T, X_B^T)^T$ il vettore di p variabili esplicative partizionato, con $\mathbf{X}_A$ il vettore delle prime $p - q$ variabili, $0 < q < p$. Si pongano le matrici delle varianze e delle covarianze uguali a $\boldsymbol{\Sigma}$ nelle due popolazioni. Sia

$$\boldsymbol{\alpha} = \boldsymbol{\Sigma}^{-1}(\boldsymbol{\mu}_1 - \boldsymbol{\mu}_0)$$

la funzione discriminante lineare, con $\boldsymbol{\alpha}^T = (\boldsymbol{\alpha}_A^T, \boldsymbol{\alpha}_B^T)^T$, in cui $\boldsymbol{\alpha}_B$ il vettore di dimensioni q dato da $\boldsymbol{\alpha}_B = (\alpha_{p-q+1}, \dots, \alpha_p)^T$. Si vuole sottoporre a test l'ipotesi nulla $H_0 : \boldsymbol{\alpha}_B = \mathbf{0}$ contro l'ipotesi alternativa $H_1 : \boldsymbol{\alpha}_B \neq \mathbf{0}$. Si può verificare (si veda l'esercizio 4.3) che questo è equivalente a sottoporre a test l'ipotesi che la distanza di Mahalanobis Δ_A^2 basata sulle q variabili casuali X_A sia uguale alla distanza di Mahalanobis Δ^2 basata sulle p variabili casuali X.

Siano $\bar{\mathbf{x}}_{rA}$ il vettore delle medie campionarie di X_A della popolazione P_r, $r \in \{0, 1\}$, e $\mathbf{S}_{AA}$ la relativa matrice delle varianze e delle covarianze campionaria. La distanza di Mahalanobis stimata sotto H_0 e sotto H_1 è rispettivamente

$$D_A^2 = (\bar{\mathbf{x}}_{1A} - \bar{\mathbf{x}}_{0A})^T \mathbf{S}_{AA}^{-1} (\bar{\mathbf{x}}_{1A} - \bar{\mathbf{x}}_{0A}), \quad D^2 = (\bar{\mathbf{x}}_1 - \bar{\mathbf{x}}_0)^T \mathbf{S}^{-1} (\bar{\mathbf{x}}_1 - \bar{\mathbf{x}}_0).$$

La statistica test utilizzata per questo test, proposta da Rao (1973, cap. 8) è la seguente:

$$\{(n - p - 1)/(p - q)\} c^2 (D^2 - D_A^2)/(n - 2 + v^2 D_A^2)$$

in cui $v^2 = n_0 n_1/n$. Sotto l'ipotesi nulla ha distribuzione F di Fisher con gradi di libertà $p-q$, $n-p+1$ e si rifiuta H_0 per valori elevati. Molti software statistici riportano il valore della statistica e il p-value associato, ovvero la probabilità di osservare, sotto l'ipotesi nulla, un valore della statistica test superiore a quello stimato nel campione.

In molte applicazioni si vuole valutare l'apporto informativo di una variabile alla volta in una funzione discriminante multipla. In tal caso $p-q=1$ e la statistica test ha una forma semplificata, con distribuzione F di Fisher con gradi di libertà pari a $1, n-p+1$. Si noti che questo test è diverso dal valutare l'apporto informativo di una variabile singolarmente considerata. Infatti, mentre il primo è basato sulla distribuzione congiunta di tutte le variabili e riflette l'informazione aggiuntiva della variabile, una volta noto il valore delle altre, il secondo test è basato sulla distribuzione marginale di una sola variabile. In generale, i test basati sulla distribuzione marginale di una variabile possono condurre a risultati diversi da quelli basati sulla distribuzione congiunta. Infatti, può accadere che questa sia significativa nella distribuzione marginale e non significativa nella distribuzione congiunta. Questo è spiegabile attraverso la forte correlazione fra questa ed altre variabili, con maggiore capacità discriminante.

4.5 La probabilità di errore nell'ipotesi di normalità*

La valutazione esatta delle probabilità di errore può essere fatta solo in un contesto parametrico. Qui faremo riferimento al caso in cui le due popolazioni siano distribuite normalmente con matrice delle varianze e delle covarianze uguale. In questa situazione, la regola ottimale di allocazione è data dalla (4.2). In quanto funzione delle v.c. $(X_1, X_2, \ldots, X_p)$, $R(\mathbf{x})$ è essa stessa una variabile casuale. Si verifica agevolmente (si veda l'esercizio 4.1) che $R(\mathbf{x})$ ha, sotto P_1, distribuzione $R(\mathbf{x}) \sim N(\frac{1}{2}\Delta^2; \Delta^2)$, dove Δ^2 è la distanza di Mahalanobis introdotta in (4.7). La probabilità di un errore del primo tipo pertanto sarà:

$$p(0 \mid 1) = P[R(\mathbf{x}) \leq \log k \mid P_1]$$
$$= \Phi[\tfrac{1}{\Delta}(\log k - \tfrac{1}{2}\Delta^2)]$$

in cui $\Phi(\cdot)$ denota la funzione di ripartizione di una normale standardizzata.

In maniera analoga, sotto P_0, $R(\mathbf{x}) \sim N(-\frac{1}{2}\Delta^2; \Delta^2)$. La probabilità di un errore del secondo tipo sarà allora:

$$p(1 \mid 0) = P[R(\mathbf{x}) > \log k \mid P_0]$$
$$= \Phi[-\tfrac{1}{\Delta}(\log k + \tfrac{1}{2}\Delta^2)].$$

Come si può verificare, entrambe le probabilità di errore decrescono al crescere di Δ^2, che è una funzione dei parametri delle due popolazioni. Nel caso del credit scoring, l'implicazione di questa osservazione è che le due popolazioni in studio devono essere ben distinte e che la variabile Y che discrimina fra i buoni e i cattivi deve essere ben definita.

La scelta di k sarà determinata in base ai criteri visti nel primo capitolo. Nel caso di $\log k = 0$ i due tipi di errore hanno la stessa probabilità. Come già detto, le probabilità di errore così determinate sono dette ottimali. Anche se noi conoscessimo esattamente i parametri delle due popolazioni e scegliessimo la migliore regola di allocazione, compieremmo sempre un errore di allocazione con probabilità pari a quella determinata. Questo perchè, come già messo in evidenza, vi sono valori delle $(X_1, X_2, \ldots, X_p)$ che si verificano sia sotto P_0 che P_1, ovvero le due popolazioni si sovrappongono.

In realtà, come abbiamo visto, i parametri della due distribuzioni non sono noti. La funzione discriminante lineare che si applica nella realtà è data dalla espressione (4.4). Una volta effettuato il campionamento, possiamo trattare le quantità $\bar{\mathbf{x}}_r$ e $\mathbf{S}$ come costanti note e derivare di conseguenza le probabilità di errore reali. Esse rappresentano la probabilità degli errori che si verificano quando, una volta effettuato il campionamento, si procede ad applicare la funzione discriminante alla prossima osservazione in ingresso.

4.6 Il caso di campioni piccoli

Quando l'ipotesi di normalità non vale, la stima della probabilità di errore può farsi attraverso la tabella di errata classificazione, così come illustrata nel paragrafo 3.10. La sua costruzione, tuttavia, presuppone che il campione sia abbastanza ampio da permettere che una sua parte possa essere esclusa dalla stima, e conservata per la convalida, senza inficiare la accuratezza dei risultati. Nonostante questo sia sempre più vero, dato il crescente utilizzo di supporti informatici per la gestione delle posizione creditizie, può ancora accadere che la costruzione di un modello di score si debba basare su di un campione di piccola numerosità.

La convalida in tal caso può avvenire in due modi. Il primo, detto di convalida *interna* è quello di mettere tutte le unità nel campione di sviluppo e di utilizzare questo anche come campione di validazione. La tabella di errata classificazione è costruita in maniera analoga a quella illustrata nel paragrafo 3.10, utilizzando tuttavia le stesse unità che hanno partecipato al processo di stima. Le frequenze relative c/n_1 e b/n_0 della tabella così ottenuta sono dette frequenze relative di errore di classificazione *apparente*.

Dal momento che questo implica utilizzare le unità due volte, la prima per stimare il modello, la seconda per valutarlo, non è difficile intuire che la grandezza è una sottostima della probabilità reale di errore.

Vi sono inoltre una serie di metodi detti invece di convalida *esterna*. Questi hanno in comune il fatto di stimare la probabilità reale di errore evitando il doppio utilizzo delle unità del campione (e in questo senso il metodo presentato nel paragrafo 3.10 è di convalida esterna). In quanto segue, n è usato per indicare il numero di osservazioni del campione di sviluppo.

$\rightarrow$ *Leave-one-out*. Questo metodo è il più noto fra gli strumenti di convalida esterna per piccoli campioni. È anche indicato, talvolta, come metodo di convalida incrociata, in inglese *cross-validation* (nonostante in realtà questo termine comprenda anche altri metodi discussi in questa sezione). Esso consiste nell'effettuare n stime del modello, basate sulla esclusione di una unità a rotazione, e pertanto basate su campioni di numerosità $n - 1$. Per ognuno degli n modelli si valuta la capacità di classificare l'unità esclusa. La stima della probabilità reale di errore è ottenuta dalla somma delle frequenze relative dei due errori di classificazione.

Si indichi con $e(i)$ la grandezza binaria che assume valore 0 se l'unità i-esima è correttamente classificata, quando il modello è stimato con un campione di n unità. Sia $e_{-j}(i)$ la grandezza binaria che assume valore 0 se l'i-esima unità è correttamente classificata quando il modello è stimato con un campione in cui l'unità j è stata rimossa. Le seguenti grandezze,

$$e^A = \frac{1}{n} \sum_i e(i) \quad e^A_{-j} \doteq \frac{1}{n-1} \sum_{i \neq j} e_{-j}(i)$$

sono frequenze relative di errore di classificazione apparente, la prima calcolata nel campione di n unità e la seconda nel campione di $n-1$. Si definisce stimatore *leave-one-out* la grandezza

$$e^L = \frac{1}{n} \sum_i e_{-i}(i).$$

I limiti del metodo proposto sono i seguenti:

(a) richiede la stima di n modelli, cosa che può essere onerosa dal punti di vista computazionale;

(b) usa una funzione di score stimata su campione di $n-1$ unità per stimare la probabilità di errore di una funzione di score ottenuta sul campione di n unità (tuttavia, si può dimostrare che l'errore di stima è piccolo e decresce con n);

(c) la varianza dello stimatore è piuttosto elevata, specie in campioni piccoli.

Certe volte, per ovviare al problema (a) si suddivide il campione in un numero piccolo di sotto-campioni differenti, in genere 5 o 10, e ciascun sotto-campione è escluso dalla stima e utilizzato per la convalida del modello costruito sulle altre unità. Tuttavia, in tal caso, la distorsione segnalata al punto (b) diventa più elevata. Questo metodo è noto come rotazione, in inglese *rotation*.

$\rightarrow$ *Jackknifing*. Il metodo opera in maniera simile al precedente, ovvero costruendo n campioni di numerosità $n - 1$, ottenuti escludendo una unità a rotazione. La finalità è in questo caso quella di quantificare l'errore che si compie quando si stima la probabilità reale di errata classificazione attraverso la frequenza di errore di classificazione apparente. Per fare questo, si pone che la popolazione sia il campione di n unità, e il campione di stima sia quello di $n - 1$ unità.

Si procede al calcolo, per ogni campione di $n - 1$ unità, della grandezza e^A_{-j} e ad elaborarne la media $\bar{e}^A_{-j} = \frac{1}{n} \sum_j e^A_{-j}$. Successivamente, si procede al calcolo della grandezza:

$$e^{A*} = \frac{1}{n^2} \sum_i \sum_j e_{-j}(i) \qquad (4.8)$$

che corrisponde alla media negli n campioni delle frequenza relative di errore di classificazione quando si usa la funzione di score sviluppata sul campione di $n - 1$ unità. Dal momento che in e^{A*} la media è calcolata utilizzando le unità escluse della stima della funzione di score, mentre in $\bar{e}^A_{-j}$ essa è calcolata utilizzando le stesse unità, la distanza

$$(n - 1)(e^{A*} - \bar{e}^A_{-j})$$

è la stima della distorsione. Lo stimatore jackknife è così ottenuto

$$e^J = e^A + (n - 1)(e^{A*} - \bar{e}^A_{-j}).$$

Al crescere di n lo stimatore jackknife ha proprietà ottimali. Dal momento che

$$e^A_{-j} = \frac{1}{n - 1} \sum_i e_{-j}(i) - e_{-j}(j) \qquad (4.9)$$

non è difficile intuire che vi è una stretta relazione fra i due metodi di stima, si veda l'esercizio 4.4.

Una variante del metodo qui illustrato si basa sul *bootstrapping* delle osservazioni. In questo caso, si estrae con ripetizione un campione casuale di n unità dal campione originario. La funzione di score è stimata sul campione estratto e sia il campione estratto che il campione originario sono usati per la stima della probabilità di errore (attraverso la frequenza relativa di errore di classificazione apparente nel primo caso e la frequenza relativa di errore nel secondo). La distanza fra le due grandezze è una stima della distorsione indotta dallo stimare la probabilità reale di errata classificazione attraverso la frequenza relativa di errore di classificazione apparente. La procedura viene ripetuta un numero elevato di volte, in modo da calcolare una media della distorsione.

4.7 Il contronto fra il modello logistico e l'analisi discriminante

La relazione fra la funzione di score e il logaritmo delle densità condizionate, riportata in (1.9), evidenzia lo stretto legame fra il modello logistico e l'analisi discriminante. Se manteniamo l'ipotesi che le $f_r(\mathbf{x})$ siano densità di variabili casuali congiuntamente gaussiane, il modello sul logaritmo dell'odds a posteriori conduce alla seguente specificazione

$$\log \frac{P(Y=1 \mid \mathbf{x})}{P(Y=0 \mid \mathbf{x})} = Q(\mathbf{x}) + \log \frac{P(Y=1)}{P(Y=0)}$$

con $Q(\mathbf{x})$ come in (4.1). In questo caso, pertanto, il modello logistico deve includere il termine quadratico $\mathbf{x}^T(\boldsymbol{\Sigma}_1 - \boldsymbol{\Sigma}_0)\mathbf{x}$. Nel caso in cui le due matrici delle varianze e delle covarianze siano uguali, il termine si annulla e pertanto:

$$\log \frac{P(Y=1 \mid \mathbf{x})}{P(Y=0 \mid \mathbf{x})} = \log \frac{P(Y=1)}{P(Y=0)} + R(\mathbf{x}) = \alpha_0' + \boldsymbol{\alpha}^T \mathbf{x}$$

in cui si è posto $\alpha_0' = \alpha_0 + \log \frac{P(Y=1)}{P(Y=0)}$, con α_0 e $\boldsymbol{\alpha}$ come nel paragrafo 4.2. Pertanto, se vale le ipotesi di gaussianità delle distribuzioni condizionate, il modello logistico senza i termini quadratici delle esplicative è adeguato solo nel caso di uguaglianza delle matrici delle varianze e delle covarianze delle due popolazioni.

Dal punto di vista della stima, occorre distinguere il caso in cui i dati siano gaussiani dagli altri. Nel caso in cui i dati siano gaussiani, dal momento che il modello logistico è formulato sulla distribuzione di Y condizionata ad **x**, le stime ottenute attraverso questo metodo sono meno efficienti di quelle ottenute attraverso l'analisi discriminante, poiché l'informazione sulla distribuzione delle **x** non è utilizzata in fase di stima. Tuttavia, se tale distribuzione non è gaussiana, il modello logistico, che lascia tale distribuzione non specificata, è preferibile. Inoltre, diverse forme distribuzionali delle variabili esplicative conducono ad una struttura lineare del logaritmo degli odds delle probabilità a posteriori (Anderson, 1972). Questo risultato porta a preferire il modello logistico illustrato nel capitolo precedente, che risulta ottimale per un più ampio insieme di tipi di dati.

4.8 Un'applicazione dell'analisi discriminante

Il campione è fornito da Gepafin S.p.A. ed è formato da 49 aziende osservate per tre anni successivi alla apertura della posizione debitoria, avvenuta negli anni 1999-2000. La tipologia di strumento creditizio è un mutuo con scadenza media intorno ai tre anni e sempre maggiore di 18 mesi. Il campione è bilanciato ed è formato da 24 aziende per le quali si è verificato un ritardo nel pagamento superiore a 90 giorni e che, in linea con la definizione di Basilea 2, sono state classificate insolventi. Ad esse sono state affiancate 25 aziende campionate fra le aziende sane che hanno acceso il mutuo nello stesso intervallo temporale. Dal momento che la numerosità campionaria è bassa, non è possibile formare il campione di convalida. Inoltre, dobbiamo escludere modelli complessi. Ciò implica una selezione accurata delle variabili da inserire nel modello. I cinque indicatori sintetici di bilancio che qui riportiamo, descritti nella Tabella 4.1, sono riferiti al 31 dicembre dell'anno di apertura del rapporto e colgono gli aspetti rilevanti del funzionamento di una azienda, quali la liquidità, la capacità di leva finanziaria e la produttività, e pertanto possono portare ad una buona capacità discriminante.

Tabella 4.1. Indicatori di bilancio con descrizione, differenza fra le medie di gruppo, valore della statistica T di Student e corrispondente p-value

Indice	Descrizione	$\bar{x}_1 - \bar{x}_0$	t-value	p-value
AC.AT	Attivo corrente/Capitale investito netto	-0.0341	-0.5692	0.5720
DT.AT	Passività totali/Capitale investito netto	-0.0300	-2.0979	0.4132
RI.AT	Ricavi netti/Capitale investito netto	0.4176	2.9652	0.0047
FCR.DT	Flusso di cassa/Debiti totali	0.0784	2.8868	0.0059
FCR.PTP	Flusso di cassa/Passività correnti	0.1268	4.3308	<0.0001

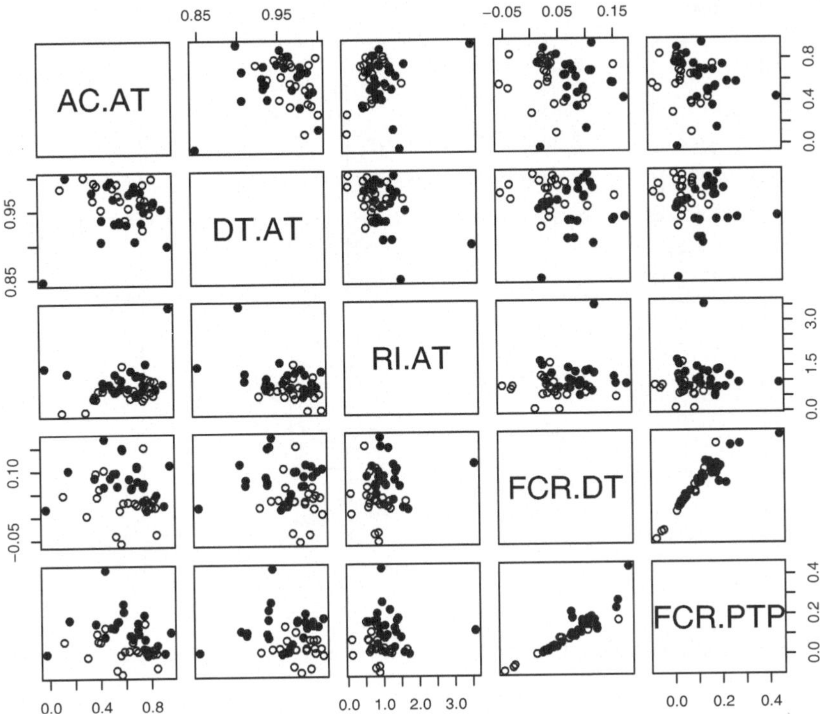

Figura 4.2. Diagrammi di dispersione delle imprese secondo gli indicatori di bilancio

Nel caso di dati continui, il grafico più utile è il diagramma di dispersione secondo le variabili esplicative, prese a coppia. In Figura 4.2 è riportato la matrice dei grafici di dispersione. (Nei grafici, per motivi di chiarezza si sono escluse due unità che presentano valori estremi elevati degli indicatori DT.AT e FCR.PTP.) Si nota una forte collinearità fra gli indicatori FCR.DT e FCR.PTP, spiegabile anche attraverso la descrizione. Dal momento che la distribuzione del secondo rispetto agli altri indicatori presenta un andamento più regolare, si decide di escludere l'indicatore FCR.DT dalle analisi successive. Nel grafico si distinguono le imprese solvibili (cerchio pieno) da quelle non solvibili (cerchio vuoto).

Un secondo grafico è il *box plot*. Esso riporta informazioni sulla distribuzione di una variabile continua nei due gruppi individuati dalla Y. In Figura 4.3 sono riportati i boxplot degli indicatori di bilancio secondo la Flag. Le due scatole in ogni pannello del grafico hanno linee orizzontali in corrispondenza del primo, secondo e terzo quartile delle due distribuzioni. Le linee verticali che fuoriescono dalle scatole, dette baffi, mostrano la distribuzione delle unità esterne al primo e terzo quartile. I baffi si estendono

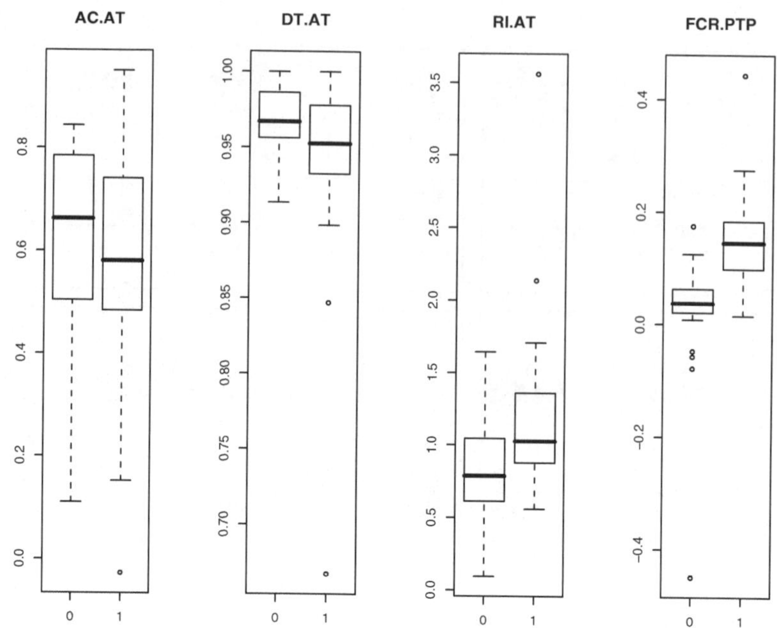

Figura 4.3. Boxplot degli indicatori di bilancio secondo la variabile Flag

dalla scatola fino all'ultima osservazione interna ad un intervallo di ampiezza pari a 1.5 volte lo scarto interquartile. Le osservazioni fuori di questo
intervallo sono considerate anomale e vengono evidenziate. La figura lascia
intuire una sostanziale omogeneità nella dispersione dei due gruppi. Inoltre, sembra delineare una elevata capacità discriminante degli indicatori.
Nella tabella 4.1 si riporta il valore della differenza fra le medie di gruppo,
il valore del test univariato t descritto nel paragrafo 4.4 con il rispettivo
p-value. Si osserva che la variabile AC.AT presenta una inversione di segno
della covarianza con DT.AT e FCR.PTP nei due gruppi, e viene pertanto
esclusa dalle analisi successive.

Il valore della statistica D^2 per il test multivariato $H_0 : \boldsymbol{\mu}_1 = \boldsymbol{\mu}_0$ contro
l'$H_1 : \boldsymbol{\mu}_1 \neq \boldsymbol{\mu}_0$, calcolato nel campione, è pari a 3.1506. Questo conduce
ad un valore della F pari a 12.313, a cui corrisponde un p-value inferiore a
0.0001. Si rifiuta pertanto l'ipotesi nulla. I coefficienti della funzione lineare
sono riportati nella Tabella 4.2.

La stima delle probabilità di errore reale viene fatta con la tabella di
errata classificazione costruita con il metodo leave-one-out. In questa fase
si pone pari a 1 il rapporto dei costi. Inoltre, le probabilità a priori sono
stimate attraverso le frequenze relative. Pertanto il valore di soglia è posto
pari al logaritmo del rapporto fra le frequenze n_0/n_1 dei due gruppi.

Tabella 4.2. Coefficienti della funzione discriminante lineare sul campione bilanciato

Variabile	Coefficiente
Intercetta	−3.5469
DT.AT	−5.7331
RI.AT	1.1706
FCR.PTP	8.7865

Tabella 4.3. Tabella di errata classificazione costruita con il metodo *leave-one-out*

	Flag stimata		Totale
Flag	0	1	
0	22	2	24
1	3	22	25
	25	24	49

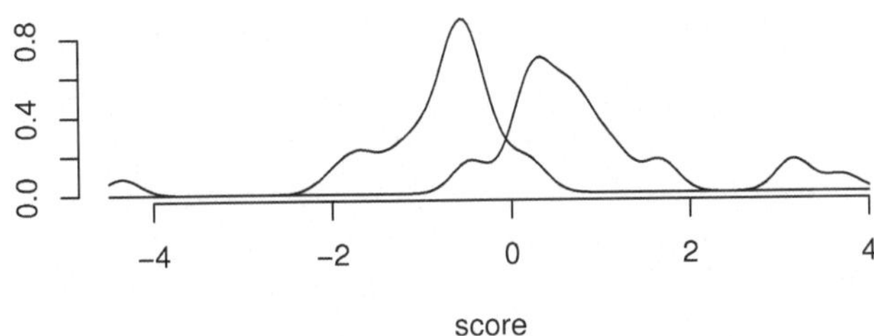

Figura 4.4. Distribuzione rispetto allo score delle aziende in default e delle aziende sane

L'analisi discriminante sui tre indicatori DT.AT, RI.AT e FCR.PTP porta una capacità elevata di classificare correttamente sia le aziende sane che quelle in default. In Figura 4.4 sono riportate le distribuzione rispetto allo score (ottenute interpolando i rispettivi istogrammi) dei due gruppi di aziende che formano il campione. Il grafico mostra una buona separazione delle due popolazioni.

Si noti che il modello con le sole variabili RI.AT e FCR.PTP conduce a risultati analoghi. In Figura 1.1 è riportata la funzione discriminante lineare del modello così derivato. Tuttavia, considerazioni di carattere aziendale inducono a non optare per il secondo modello.

4.9 Note bibliografiche

Dal lavoro di Fisher del 1936 ad oggi, i contributi sull'analisi discriminante sono stati numerosissimi. Lo stesso Fisher (1938) riformulò il problema introducendo una variabile binaria di appartenenza ad una popolazione e impostò il problema in termini di previsione della variabile binaria. Un inquadramento storico della letteratura è in Krzanowski and Marriott (1995, cap. 9).

Vi sono molti testi di statistica avanzata che trattano l'analisi discriminate. Si segnalano, fra gli altri, Lachenbruch (1975), Hand (1997), Anderson (2003, cap. 6), oppure Krzanowski and Marriott (1995, cap. 9). Un'analisi dettagliata dal punto di vista matematico si trova in McLachlan (1992). Huberty (1994) presenta il metodo con un'enfasi sugli aspetti applicativi.

Nonostante la prima utilizzazione della analisi discriminante sembra essere nel credito al consumo, con lo studio di Durand (1941), questa è stata per molto tempo lo strumento maggiormente utilizzato per la previsione della insolvenza delle imprese. L'intuizione di mettere in relazione la probabilità di bancarotta con le caratteristiche individuali della azienda si fa risalire a Fitzpatrick (1932). I contributi rilevanti risalgono tuttavia agli anni '60 (si veda ad esempio Beaver, 1967), il più significativo dei quali si ascrive ad Altman (1968). In Altman (1968) e successivi lavori viene infatti formalizzato il così detto Z-score, ovvero uno score calcolato attraverso una funzione discriminante lineare, basato su un insieme di indicatori di bilancio ben determinato. L'evoluzione storica è descritta in Altman (2002).

Una rassegna completa dei test di uguaglianza fra i parametri delle distribuzioni condizionate, basati sulla ipotesi di normalità, è in Anderson (2003, capp. 6-10). I parametri della funzione discriminante lineare possono essere messi agevolmente in relazione con quelli di un modello di regressione lineare di Y contro $\mathbf{x}$. Si veda Anderson (2003, cap. 6) per dettagli.

La stima della matrice delle varianze e covarianze è molto sensibile alla presenza di osservazioni anomale. L'eccesso di parametri da stimare nel caso quadratico può essere evitato postulando alcune regolarità nelle matrici delle varianze e delle covarianze delle due popolazioni (Hand, 1997, cap. 2). Approcci recenti all'analisi discriminante suggeriscono di combinare i risultati propri dei modelli grafici e stimare Σ in maniera più efficiente, ovvero tenendo conto della struttura zeri in Σ o in Σ^{-1} che riflette strutture di indipendenza (marginale e condizionale) delle variabili casuali (si veda Edwards, 2000, cap. 4).

L'apporto informativo di una variabile nella funzione discriminante lineare è valutato anche attraverso il test Λ di Wilks, il quale si basa sui determinanti delle matrici $\mathbf{B}$ e $\mathbf{W}$ introdotte in precedenza (si veda Mardia, Kend e Bibby, 1979, cap. 3). Non esistono, invece, tecniche inferenziali semplici per valutare l'apporto informativo di una variabile nella funzione discriminante quadratica. In questo contesto si deve ricorrere ai metodi basati sulla tabella di errata classificazione. Se applicata a grandi campioni, la funzione discriminante quadratica conduce a buoni risultati anche in contesti applicativi diversi da quello gaussiano, in cui è derivata (Hastie et al., 2001, cap. 4; si veda tuttavia Lachenbruch et al., 1973, per un diverso orientamento). Nel caso di campioni piccoli, la funzione lineare è maggiormente stabile e pertanto preferibile. Nel caso di grosse discrepanze fra le matrici delle varianze e delle covarianze nei due gruppi, si suggerisce di cercare trasformazioni dei dati che riconducano al caso lineare. Nel contesto del credito alle imprese, Altman et al. (1994), osservano che l'analisi discriminante lineare è uno strumento efficace e per certi aspetti preferibile alle reti neurali.

Per una rassegna dei metodi di e si veda Efron e Tibshirani (1993). Zheng e Agresti (2000) mostrano che il metodo leave-one-out conduce ad una stima distorta dell'errore di classificazione nel caso di un modello logistico di indipendenza o di debole associazione.

4.10 Problemi

4.1. Si ponga $\boldsymbol{\Sigma}_1 = \boldsymbol{\Sigma}_0 = \boldsymbol{\Sigma}$ in (4.1). Si derivi:

(a) l'espressione di $R(\mathbf{x})$ come da (4.2);

(b) la distribuzione di $R(\mathbf{x})$ sotto P_0 e P_1.

4.2. Si dimostri che i parametri della funzione discriminante di Fisher coincidono con gli elementi dell'autovettore associato al massimo autovalore della matrice $\mathbf{W}^{-1}\mathbf{B}$, in cui $\mathbf{B}$ è dato dalla espressione (4.6).

4.3. Sia $X = (X_A^T, X_B^T)^T$ un vettore partizionato di p variabili casuali con distribuzione $f_0(\mathbf{x})$ e $f_1(\mathbf{x})$ normali con valore atteso rispettivamente $\boldsymbol{\mu}_0$ e $\boldsymbol{\mu}_1$ e matrice delle varianze e delle covarianze $\boldsymbol{\Sigma}$ uguale. Siano:

$$\boldsymbol{\alpha} = \boldsymbol{\Sigma}^{-1}\boldsymbol{\delta}, \ \boldsymbol{\delta} = \boldsymbol{\mu}_0 - \boldsymbol{\mu}_1.$$

Si partizioni $\boldsymbol{\alpha}$ e $\boldsymbol{\delta}$ analogamente. Si dimostri che sottoporre a test l'ipotesi $H_0 : \boldsymbol{\alpha}_B = \mathbf{0}$ contro l'alternativa $H_1 : \boldsymbol{\alpha}_B \neq \mathbf{0}$ è equivalente a sottoporre a test l'ipotesi che la distanza di Mahalanobis Δ_A^2 basata sulle q variabili casuali X_A sia uguale alla distanza di Mahalanobis Δ^2 basata sulle p variabili casuali X.

4.4. Si verifichi che $e^J = e^L + e^A - \bar{e}^{A*}$.

5

Altri metodi statistici

5.1 Introduzione

Oltre al modello logistico e alla analisi discriminante, altri metodi statistici sono correntemente in uso nell'ambito del credit scoring. Essi costituiscono l'evoluzione dei modelli presentati nei capitoli precedenti e, pertanto, per la loro formulazione occorre attingere in larga parte dai concetti teorici già illustrati. Alcuni di questi strumenti, quali le reti neurali, sono stati disegnati in contesti non statistici, come, ad esempio, il *data mining* o l'intelligenza artificiale, e successivamente interpretati come modelli probabilistici e stimati attraverso tecniche inferenziali. Nei paragrafi 5.2 e 5.3 sono riportati due classificatori non parametrici, il metodo delle k unità più vicine e gli alberi di classificazione. Come vedremo, essi non portano ad una esplicitazione della funzione di score. Le reti neurali sono illustrate nel paragrafo 5.4. Queste possono essere viste come evoluzione del modello logistico presentato nel capitolo 3. Infine, nel paragrafo 5.5 è riportato un algoritmo di massimizzazione che emula il processo di selezione genetica alla base della evoluzione della specie. Alcune considerazioni conclusive, nel paragrafo 5.6, chiudono il capitolo.

5.2 Il metodo delle k unità più vicine

Il metodo, noto in inglese come il *k-nearest neighbour classifier*, si basa sulla constatazione che due persone con caratteristiche simili tendono a comportarsi nella stesse maniera. Una nuova unità in ingresso sarà pertanto classificata sulla base del comportamento mostrato dalle unità ad essa più simili nel campione di validazione. Sia N_k il gruppo, di numerosità k, formato dalle unità più vicine ad una nuova unità in ingresso. Questa viene

Stanghellini E.: Introduzione ai metodi statistici per il credit scoring.
© Springer-Verlag Italia 2009, Milano

assegnata alla classe per cui:

$$\hat{p}_k = \frac{1}{k} \sum_{i \in N_k} y_i$$

è maggiore di 0.5. Tale classe è anche detta *voto di maggioranza*. Per fare questo occorre definire due grandezze: (a) una misura della vicinanza fra due unità e (b) il numero k delle unità vicine da considerare per la formazione del voto di maggioranza.

Il primo problema richiede di introdurre la nozione di distanza tra le osservazioni. Siano i e l due unità del campione di validazione, con esplicative rispettivamente $\mathbf{x}_i$ e $\mathbf{x}_l$, che per il momento assumiamo continue. La distanza è così definita:

$$d(\mathbf{x}_i, \mathbf{x}_l) = [(\mathbf{x}_i - \mathbf{x}_l)^T \mathbf{A}(\mathbf{x}_i - \mathbf{x}_l)]^{0.5}$$

in cui $\mathbf{A}$ una matrice simmetrica definita positiva. Se l è la nuova unità in ingresso, questa grandezza permette di ordinare le unità del campione di validazione e individuare le k unità più vicine. Varie scelte della matrice $\mathbf{A}$ sono possibili.

$\rightarrow$ *La distanza di Euclide.* Questa è ottenuta ponendo $\mathbf{A} = \mathbf{I}_p$, con $\mathbf{I}_p$ la matrice identità di ordine p. In tal caso essa assume la semplice espressione:

$$d(\mathbf{x}_i, \mathbf{x}_l) = \left[\sum_j (x_{ij} - x_{lj})^2\right]^{0.5}.$$

Il limite di questa grandezza è di non ponderare le distanze con la variabilità delle esplicative e di non considerare che queste possono essere correlate fra di loro.

$\rightarrow$ *La distanza di Mahalanobis.* La grandezza, già presentata nel capitolo quarto, prende in questo contesto il significato di distanza tra due valori del vettore $\mathbf{x}$ anziché fra due valori attesi. Essa è valutata ponendo $\mathbf{A} = \mathbf{V}^{-1}$, con $\mathbf{V}$ la matrice delle varianze e delle covarianze campionaria di $\mathbf{x}$ (si veda l'Appendice A), valutata nel campione di sviluppo. In tal modo, le distanze sono ponderate con le varianze e covarianze campionarie.

$\rightarrow$ *Altre distanze.* Le distanze precedenti non tengono conto della capacità previsiva delle variabili esplicative. Un criterio che tenga espressamente

in considerazione questa informazione è stato proposto nel credit scoring da
Henley e Hand (1996). L'idea è che nella definizione della distanza fra due
punti occorre muoversi nelle direzioni ortogonali alle superfici in cui $s(\mathbf{x})$ è
costante. Ponendo che tali superfici siano lineari in $\mathbf{x}$, il metodo presuppone
di valutare la distanza non tanto fra le $\mathbf{x}$, ma fra le loro trasformazioni $\mathbf{w}^T\mathbf{x}$,
in cui $\mathbf{w}$ è un vettore p-dimensionale di pesi che esprimono tali direzioni.
Nella realtà, l'individuazione dei pesi richiede la conoscenza della funzione
$s(\mathbf{x})$, che non è disponibile e deve essere stimata. Gli autori suggeriscono
di effettuare, precedentemente all'applicazione del metodo, una regressione,
lineare o logistica, di Y contro $\mathbf{x}$. In sintesi, l'idea è quella di porre:

$$\mathbf{A} = \mathbf{I}_p + D\mathbf{w}\mathbf{w}^T$$

in cui i pesi $\mathbf{w}$ sono ottenuti attraverso un modello che esprima la capacità previsiva delle $\mathbf{x}$. Il parametro D che compare nell'espressione è un
fattore di correzione sempre positivo. Esso deve essere stimato, insieme al
parametro k, attraverso criteri empirici basati sul campione di validazione.
Si può verificare che al tendere di D a zero il metodo porta alla metrica
euclidea, mentre al tendere di D a infinito il metodo tende ad utilizzare
esclusivamente i parametri $\mathbf{w}$.

La determinazione del parametro k viene effettuata con metodi empirici,
basati sul campione di validazione o sulla convalida incrociata. (Se k è
piccolo, per evitare la parità dei voti, esso viene posto dispari). Si osservi
che, se $k = 1$, il metodo si limita a cercare l'unità prossima a quella osservata
e ad assegnare la nuova osservazione alla classe di appartenenza di questa
unità. Così facendo, tuttavia, la classificazione risente largamente dei fattori
non osservati che possono influire sul comportamento di un cliente ed è
pertanto molto instabile. D'altra parte, la scelta di k grande e vicino alla
numerosità del campione di validazione trascura le informazioni in $\mathbf{x}$ e porta
ad una probabilità di assegnazione costante. Pertanto, la scelta di k è un
compromesso fra la necessità di non dare troppo peso a comportamenti
anomali e quella di sfruttare la informazione nelle variabili esplicative $\mathbf{x}$.
La nuova osservazione viene assegnata alla classe votata dalla maggioranza.
La frequenza relativa $\hat{p}_k$ è inoltre lo score dell'unità. Per evitare l'eccessiva
assegnazione alla classe maggiormente frequente, il campione di sviluppo
deve essere bilanciato.

Dal momento che nel credit scoring è diffusa la presenza di variabili
categoriali fra le esplicative, un metodo largamente impiegato è quello di
effettuare la seguente trasformazione. Siano I i livelli della variabile casuale
categoriale X con generico livello r. Sia $\hat{p}_r$ la frequenza relativa dei buoni

nel livello r. Al livello r viene assegnato il valore numerico pari al logaritmo dell'odds che un cliente in categoria r sia solvibile:

$$\log[\hat{p}_r/(1-\hat{p}_r)]. \tag{5.1}$$

Come già detto, esso è il corrispondente compionario della grandezza:

$$\log \frac{P(Y = 1 \mid X = r)}{P(Y = 0 \mid X = r)}$$

nota come logaritmo dell'odds o logit. In questo contesto la grandezza nella (5.1) è detta peso dell'evidenza, in inglese *weight of evidence*. La trasformazione sembra condurre a buoni risultati.

Il metodo delle k unità più vicine ha il vantaggio di essere molto flessibile e pertanto si presta ad approssimare bene ogni funzione $s(\mathbf{x})$. Tuttavia, se le popolazioni $f_0(\mathbf{x})$ e $f_1(\mathbf{x})$ hanno vaste zone in cui si sovrappongono, anche questo metodo non porta a risultati ottimali. Inoltre, dal momento che esso dipende da un numero limitato di osservazioni e dal loro posizionamento nello spazio, piccole variazioni della distribuzione delle $\mathbf{x}$ possono condurre a forti differenze nella classificazione delle unità. Questa instabilità è maggiormente evidente se il numero p delle variabili esplicative è elevato, dal momento che, in tal caso, le unità tendono ad essere sparse nello spazio delle $\mathbf{x}$. Anche se in un contesto diverso, i problemi sono simili a quelli segnalati nel caso del modello logistico per dati continui o tabelle sparse.

5.3 Gli alberi di classificazione

Nel primo capitolo abbiamo messo in evidenza come l'obbiettivo ideale di ogni costruttore di sistemi di scoring sia quello di trovare una suddivisione dello spazio A che ponga in A_1 tutte e solo le unità solvibili. Se questa operazione fosse possibile, gli insiemi delineati da A_0 e A_1 conterrebbero unità con lo stesso valore della variabile Y e, pertanto, avrebbero una variabilità interna nulla.

Data la natura intrinsecamente probabilistica del fenomeno, la suddivisione ideale nella pratica non è possibile. È tuttavia possibile esplorare lo spazio A alla ricerca della suddivisione che minimizza la variabilità interna ai due insiemi delineati da A_0 e A_1. La tecnica che presentiamo è un algoritmo che persegue questo obiettivo.

Il primo passo per la costruzione dell'albero di classificazione consiste nell'individuare l'indice di variabilità, detto anche di impurità, che si ritiene

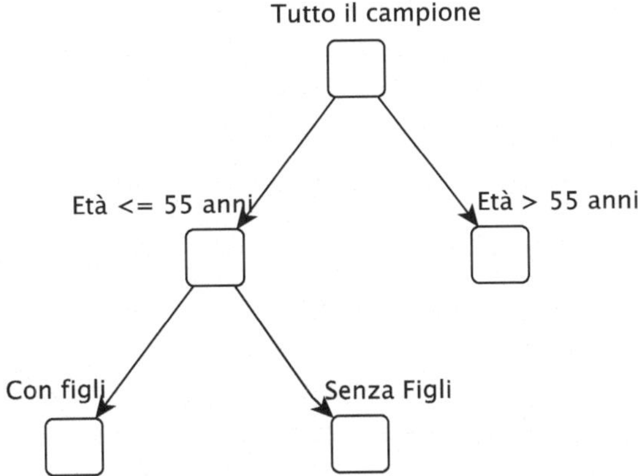

Figura 5.1. Un esempio di albero di classificazione con due variabili esplicative

maggiormente rilevante nel problema in studio. Fissato l'indice, l'albero di classificazione è uno strumento per suddividere lo spazio A in due regioni tali da minimizzare il valore dell'indice nell'insieme di tutte le possibili suddivisioni di A.

La esplorazione di tutte le possibili suddivisioni è tuttavia impraticabile. Per procedere, pertanto, si operano delle semplificazioni. Per semplicità espositiva supponiamo per il momento che tutte le variabili in **x** siano quantitative. Il campo di variazione di ogni variabile è suddiviso in intervalli e di conseguenza lo spazio A viene ripartito in un numero arbitrario K di rettangoli, $R_1, \ldots, R_K$. L'indice di impurità è poi calcolato ponendo costante la probabilità di successo in ogni rettangolo. Tale probabilità è stimata attraverso la frequenza relativa dei successi nelle unità i tali che $\mathbf{x}_i \in R_k$, $k \in \{1, \ldots, K\}$. Chiameremo questa stima $\hat{p}_k$. Una suddivisione in rettangoli di A è preferibile ad un'altra se minimizza l'indice opportunamente individuato.

Tuttavia, anche se questo modo di procedere semplifica molto la procedura, rimangono aspetti importanti da definire. Questi riguardano sia il numero di intervalli in cui suddividere il campo di variazione di ogni variabile esplicativa, sia la scelta dei punti di suddivisione. Anche in questo caso, pervenire alla suddivisione ottimale è computazionalmente assai oneroso. Si procede pertanto per passi successivi. Al primo passo si pone $K = 1$ e si procede al calcolo dell'indice di impurità prescelto. Successivamente, si valuta, per ogni variabile esplicativa e per ogni punto di suddivisione possibile, la diminuzione dell'indice se un rettangolo R_k viene suddiviso in due parti, passando pertanto ad una suddivisione dello spazio in $K+1$ rettangoli. Questo procedimento è ripetuto fino a quando il numero K di rettangoli è elevato. Dal momento che ogni passo coincide con il suddividere uno degli intervalli del passo precedente in due sotto-intervalli, i passi possono essere descritti da un diagramma ad albero. In Figura 5.1 è riportato un esempio di un albero di classificazione nel credito al consumo secondo due variabili esplicative che descrivono l'età e l'avere o meno dei figli. Nell'esempio, la suddivisione delle unità in 'Con Figli' e 'Senza figli' è rilevante solo se i soggetti hanno una età inferiore o uguale a 55 anni.

Questa fase è detta di crescita dell'albero. Lo spazio A_1 è individuato dai rami che conducono a foglie con una probabilità stimata di successo maggiore di una soglia. Questa è posta pari a 0.5 nel caso di costi di errata classificazione uguali fra loro. Tale valore di soglia può essere opportunamente modificato, tenendo conto del rapporto dei costi, nel modo descritto dalla (1.4).

La procedura non varia concettualmente se alcune delle variabili esplicative sono qualitative. In particolare, nel caso di variabili qualitative ordinate, si può procedere a definire intervalli che raggruppano modalità successive nell'ordinamento. Nel caso, invece, di variabili esplicative qualitative sconnesse, diventa più oneroso la formazione degli intervalli, essendo plausibili $2^{I-1} - 1$ raggruppamenti di una variabile categoriale con I livelli. Tuttavia, anche in questo contesto è prassi diffusa assegnare alle variabili categoriali il valore numerico dato dal peso dell'evidenza, come definito dalla (5.1), e trattarle come variabili categoriali ordinate.

Nel contesto del credit scoring, gli indici di impurità dovrebbero tenere conto dei costi di una errata classificazione. Tuttavia, essendo questi legati alla variabilità interna agli insiemi A_0 e A_1, si ricorre agli usuali indici statistici di variabilità o di impurità.

$\rightarrow$ *Indice basato sulla devianza.* Un primo indice è basato sulla devianza della distribuzione binomiale. Accorpando gli elementi appartenenti ad una stessa regione R_k, per i quali la probabilità stimata di successo, che indichiamo con $\hat{p}_k$, è costante, la devianza dal modello binomiale può essere così scritta

$$D = \sum_k -2n_k[\hat{p}_k \log \hat{p}_k + (1 - \hat{p}_k) \log(1 - \hat{p}_k)] = \sum_k D_k$$

in cui n_k sono le frequenze osservate in R_k. Di conseguenza, una suddivisione di A sarà preferita ad una seconda se minimizza la grandezza precedente. Non è difficile verificare che D_k è minima se $\hat{p}_k = 0$ o $\hat{p}_k = 1$ ed è massima se $\hat{p}_k = 0.5$.

$\rightarrow$ *Indice basato sulla entropia.* Alcune semplici elaborazioni dell'indice precedente conducono ad un secondo indice, basato sulla nozione di *entropia* o *impurità* di una foglia. Questa è definita come:

$$Q_k = -[\hat{p}_k \log \hat{p}_k + (1 - \hat{p}_k) \log(1 - \hat{p}_k)].$$

Pertanto, possiamo costruire un secondo indice, basato sulla minimizzazione della entropia media, così definita:

$$E = \sum_k \frac{n_k}{n} Q_k. \tag{5.2}$$

Non è difficile verificare che $D = 2nE$, con n la numerosità del campione di sviluppo.

$\rightarrow$ *Indice di Gini.* Se nella formula (5.2), al posto della grandezza Q_k, mettiamo l'indice così definito:

$$I_k = \hat{p}_k(1 - \hat{p}_k)$$

otteniamo l'indice di Gini. Questo indice rappresenta la somma, sulle foglie dell'albero, della varianza delle v.c. di Bernoulli che descrivono, in ogni foglia, la assegnazione di una nuova unità ad una delle due classi.

La fase di crescita dell'albero può portare ad un numero elevato di diramazioni. Nel caso continuo, ad esempio, si può teoricamente arrivare ad un albero che ha tante foglie quante le osservazioni. Anche se in un contesto diverso, questo metodo ha gli stessi limiti di un modello logistico saturo ed è pertanto necessario procedere ad una fase di potatura, che toglie le foglie che non diminuiscono molto l'indice obiettivo. La potatura è in genere fatta attraverso la tabella di errata classificazione costruita utilizzando il campione di convalida. Nel caso di un campione di bassa numerosità, tuttavia, essa è fatta con metodi di convalida incrociata.

Una volta determinato l'albero ottimale con il criterio scelto, la nuova unità in ingresso viene classificata facendola cadere dalla radice dell'albero fino alla foglia, passando dai rami che individuano gli intervalli di competenza. Una volta raggiunta la foglia, l'unità viene attribuita ad A_1 se la foglia appartiene ad A_1. Lo score della unità è dato dalla frequenza relativa di successo $\hat{p}_k$ della foglia.

I vantaggi del metodo sono la semplicità concettuale e la capacità di approssimare bene complesse funzioni di scoring $s(\mathbf{x})$. In alcuni casi, il metodo porta a modelli più semplici dei modelli logistici gerarchici. Ad esempio, la situazione descritta dalla figura 5.1 porta, se modellata con un modello logistico, ad un modello saturo, non essendo possibile imporre a zero l'effetto dell'avere figli nelle unità con età superiore a 55 anni senza violare la natura gerarchica del modello. D'altro canto, gli alberi di classificazione non sono in grado di rappresentare effetti additivi e pertanto tendono, in taluni casi, a portare a modelli sovraparametrizzati. Questo genera una elevata instabilità della stima, per cui variazioni minori nella distribuzione delle unità del campione di sviluppo conducono a risultati diversi. Questo effetto è maggiormente evidente se le variazioni interessano le variabili nei primi rami dell'albero.

5.4 Le reti neurali

Le reti neurali sono modelli non lineari che si basano sulla introduzione di una o più variabili latenti, detti neuroni. Queste variabili sono funzioni non lineari delle variabili esplicative e sono a loro volta esplicative della variabile risposta. Il nome deriva dal fatto che gli algoritmi di stima consentono una procedura dinamica che reagisce ad una nuova informazione. Questo ha fatto ritenere che i modelli si prestino a descrivere i processi di apprendimento del cervello.

→ *Reti neurali con una variabile latente.* Nella sua formulazione più semplice la rete neurale contiene una sola variabile latente, o neurone, che indichiamo con z. Essa è una funzione deterministica delle variabili esplicative. Ponendo $p = 4$ e indicando con $l(\mathbf{x})$ la combinazione lineare delle variabili esplicative (incluso il termine costante), secondo i pesi h_j, ovvero:

$$l(\mathbf{x}) = h_1 x_1 + h_2 x_2 + h_3 x_3 + h_4 x_4,$$

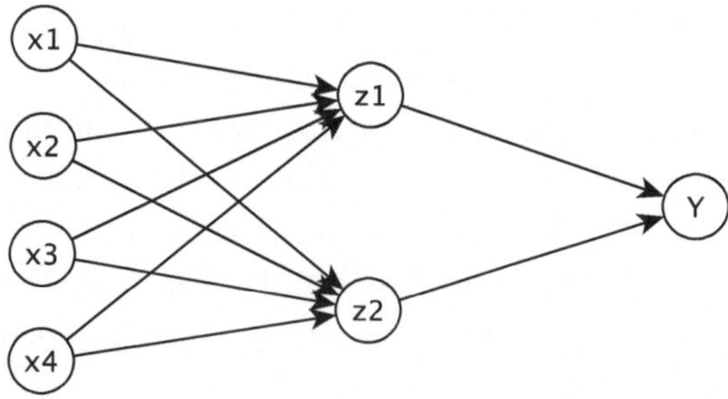

Figura 5.2. Il grafo di una rete neurale con quattro variabili esplicative e due variabili latenti

la variabile latente è ottenuta attraverso una funzione $z = f(l)$. La variabile z è poi la esplicativa della variabile risposta Y, attraverso una seconda funzione, ovvero:

$$y = g(z).$$

Le funzioni $f(\cdot)$ e $g(\cdot)$ sono dette *di attivazione*. Non è difficile verificare che se $f(\cdot)$ è la funzione identità e $g(\cdot)$ è la funzione logistica, la rete neurale coincide con il modello logistico presentato nel capitolo terzo.

$\rightarrow$ *Reti neurali con più variabili latenti.* La formulazione precedente si estende agevolmente al caso di m variabili latenti. Se $\mathbf{H}$ è una matrice di pesi di dimensioni $m \times p$, avremo:

$$\mathbf{l} = \mathbf{Hx}$$

in cui $\mathbf{l}$ è adesso un vettore di m elementi. Ogni variabile latente z_r, $r \in \{1, \ldots, m\}$, è una combinazione di l_r secondo una funzione di attivazione $f(\cdot)$. Ovvero $z_r = f(l_r)$. Se $\mathbf{z}$ il vettore $m \times 1$ delle variabili latenti e $\mathbf{h}$ un vettore riga di dimensioni $r \times 1$, la risposta è stimata attraverso una funzione $g(\cdot)$ della combinazione lineare delle variabili z_j secondo i coefficienti $\mathbf{h}$, ovvero:

$$y = g(1 + \mathbf{h}'\mathbf{z}).$$

In questo contesto la funzione maggiormente utilizzata è la logistica. In tal caso, la rete neurale è un modello logistico nelle trasformazioni z_m delle variabili in $\mathbf{x}$. I parametri incogniti del modello sono gli elementi del vettore $\mathbf{h}$ e della matrice $\mathbf{H}$.

I modelli presentati contengono un solo strato di variabili latenti. È possibile estendere il numero degli strati. Una rete con due strati, ad esempio, è costruita introducendo un ulteriore vettore di variabili latenti che ha come esplicative il vettore $\mathbf{z}$ e che a sua volta è esplicativo della v.c. risposta Y. In tal caso, il numero dei parametri cresce rapidamente.

La stima dei coefficienti incogniti viene fatta ipotizzando una funzione obiettivo e massimizzando tale funzione rispetto ai parametri. Se la funzione obiettivo è la verosimiglianza, il metodo conduce alle stime di massima verosimiglianza. In questo contesto, tuttavia, sono anche utilizzati algoritmi di massimizzazione che operano delle correzioni sulla base del contributo delle singole osservazioni. Il più comune di questi è l'algoritmo di *back propagation*. Questo si compone di due passi: sia i una generica osservazione del campione di sviluppo, nel passo *forward*, fissati i valori dei parametri, l'algoritmo stima $\hat{y}_i$ e calcola una misura dell'errore; nel passo *backward* questa misura è utilizzata per produrre una nuova stima dei parametri. In questa fase si fissa un fattore di apprendimento γ, determinato esogenamente, che misura il peso dell'errore nel passo di aggiornamento dei parametri.

Le reti neurali godono di proprietà matematiche interessanti. Si può infatti verificare che, sotto ipotesi non troppo restrittive, al crescere del numero delle variabili latenti, essi tendono ad approssimare bene qualunque funzione $s(\mathbf{x})$. Se questo li rende strumenti attraenti dal punto di vista matematico, tuttavia come modelli statistici presentano alcune criticità.

La prima difficoltà risiede nel fatto che non esiste un criterio forte per determinare il numero di variabili latenti né la loro architettura in strati. I criteri di scelta si basano sulla valutazione empirica della capacità di classificazione su un campione di validazione. Una volta fissato il modello, un secondo problema risiede nella stima dei parametri della rete. Infatti, spesso la funzione obiettivo non ha un unico massimo nello spazio dei parametri. Questo si verifica molto più frequentemente se il numero di strati è elevato. In tal caso si rende necessario effettuare una esplorazione dello spazio dei parametri per valutare che il punto di convergenza dell'algoritmo non sia un massimo locale.

Un altro limite consiste nella difficoltà di interpretare la funzione che lega le $\mathbf{x}$ alla Y. Un valore elevato della funzione $s(\mathbf{x})$, infatti, non è immediatamente spiegabile come conseguenza di valori elevati (o bassi) delle esplicative.

5.5 Gli algoritmi genetici

Gli algoritmi genetici sono metodi di ottimizzazione che imitano la selezione genetica alla base della evoluzione della specie. Data una popolazione iniziale di candidati, ovvero le possibili soluzioni del problema di ottimizzazione, la generazione successiva è costruita selezionando con elevata probabilità i migliori candidati da questa e ricomponendoli attraverso operazioni, dette *cross-over* e mutazione, simili a quelle che avvengono in genetica. Questa operazione è ripetuta fino a che l'approssimazione è ritenuta accettabile.

Più precisamente, si supponga che si debbono stimare i parametri della la seguente funzione di score:

$$s(\mathbf{x}) = a_1 x_1^{b_1} + \ldots + a_p x_p^{b_p} + c.$$

Sia $\boldsymbol{\theta} = (a_1, \ldots, a_p, b_1, \ldots, b_p, c)$. Si ponga, per ogni elemento di $\boldsymbol{\theta}$, un intervallo di valori plausibili. Il vettore $\boldsymbol{\theta}$ è codificato sotto forma di una stringa di valori, detta cromosoma. La codifica più utilizzata è quella binaria.

La prima popolazione è generata attraverso la selezione casuale di un numero m_0 molto elevato di vettori $\boldsymbol{\theta}_j$, o candidati, ognuno contenente un valore plausibile del vettore dei parametri. Per ogni candidato è calcolato il valore della funzione nelle unità i del campione di validazione e la relativa $\hat{y}_i$, costruita a seconda che la funzione sia superiore o meno ad una soglia prefissata. Ogni candidato ha pertanto assegnato un peso che è pari alla percentuale di casi correttamente classificati. Sia esso f_j.

Il passo successivo consiste nel comporre una popolazione intermedia, composta da m_1 candidati della popolazione iniziale. Questo obiettivo è raggiunto attraverso un campionamento casuale degli elementi della popolazione iniziale, con pesi proporzionali a f_j. La popolazione intermedia forma la popolazione dei *genitori*. La generazione successiva è formata emulando due tipi di operazione genetiche che avvengono in natura, il cross-over e la mutazione. Il cross-over è ottenuto selezionando due cromosomi in maniera casuale, con probabilità p_c, e scambiando geni in una o più sequenze del primo cromosoma con gli analoghi geni del secondo. In questo modo sono creati due cromosomi *figli* dei due genitori. La mutazione agisce sul cromosoma dei figli ed è ottenuta assegnando probabilità p_m ad ogni gene di cambiare valore. Se la codifica è binaria, questo implica invertire il valore del gene selezionato, da '0' a '1' o viceversa. Il meccanismo di generazione delle popolazioni è ripetuto fino a quando la procedura ha raggiunto un valore ottimale.

Così costruito, l'algoritmo favorisce la formazione di cromosomi portatori delle caratteristiche che conducono ad un valore elevato di f_j. Intuitivamente, questo può essere spiegato attraverso il concetto di *schema*. Uno schema è una stringa lunga quanto il cromosoma, che ha geni fissati ad un valore preciso, laddove la informazione è rilevante ai fini della classificazione, e '$*$' laddove l'informazione è invece irrilevante. Ad esempio, supponiamo che il nostro vettore $\boldsymbol{\theta}$ sia codificabile in forma binaria con una stringa di lunghezza 8. Lo schema:

$$S1 : 11 * * * *01$$

indica che tutti i $\boldsymbol{\theta}_j$ che hanno valore 1 sulle prime due cifre, qualsiasi valore sulle cifre dalla terza alla sesta, e valore 01 sulle ultime due cifre presentano un elevato valore di f_j. Lo schema:

$$S2 : * * 11 * * * *$$

indica invece che anche i $\boldsymbol{\theta}_j$ con valori fissati ad 1 nella terza e quarta posizione hanno un valore elevato di f_j. Se il meccanismo di selezione della popolazione dei genitori è casuale con pesi proporzionali a f_j, la popolazione dei genitori sarà pertanto formata con elevata probabilità da candidati con queste caratteristiche. Il meccanismo di cross-over tende poi a selezionare, per lo scambio del patrimonio genetico, sequenze con elevata capacità di adattamento della funzione obiettivo. Ad esempio, se si inverte una sequenza di k elementi, con k scelto a caso (*single-point cross-over*), vi è una elevata probabilità di distruggere cromosomi conformi a schemi con pochi elementi fissi lontani fra loro e di formare cromosomi con molti elementi fissi. La mutazione, inoltre, permette di introdurre nella popolazione nuovo materiale genetico. Se il primo operatore persegue una ricerca locale, il secondo permette di esplorare lo spazio dei parametri. Si dimostra che, sotto determinate ipotesi, il numero di cromosomi con alti valori di f_j tende a crescere esponenzialmente nella popolazione.

5.6 Considerazioni conclusive

La scelta operata in questo libro è quella di introdurre in dettaglio il modello logistico e l'analisi discriminante, che sono le principali tecniche statistiche utilizzate nel credit scoring, e di fornire una rassegna degli altri strumenti correntemente utilizzati. L'intento è quello di dare al lettore una conoscenza adeguata che metta in luce sia i punti di forza dei modelli sia la eventuale non corrispondenza alla realtà delle assunzioni su cui si basano. Queste nozioni permettono un corretto uso degli strumenti statistici, nell'ambito sia dello scoring di accettazione che in quello comportamentale. A conclusione di questo studio possiamo sottolineare alcuni aspetti fondamentali per la affidabilità dei sistemi di scoring, che vanno ad integrare le considerazioni già svolte nel corso della trattazione.

$\rightarrow$ *Qualità dei dati.* Il primo aspetto riguarda la qualità dei dati sui quali le tecniche vengono sviluppate ed applicate. Nonostante la crescente consapevolezza che la buona qualità dei dati sia un *asset* nel capitale degli intermediari finanziari, esso è tuttora uno dei punti deboli del sistema bancario, non solo italiano. La qualità dei dati coinvolge diversi aspetti. Il primo riguarda la formulazione della popolazione obiettivo e di conseguenza la identificazione corretta dei criteri per formare il campione di sviluppo e di validazione. Molto spesso, ad esempio, la scarsa numerosità campionaria induce ad accorpare le informazioni in possesso di banche diverse in un unica base di dati. In questa fase si possono unire in una unica popolazione obiettivo popolazioni diverse fra loro. Se non tenuto adeguatamente in considerazione, questo aspetto può inserire fattori di distorsione che portano a compromettere i risultati del modello. Inoltre, la qualità dipende sia dalla accuratezza nella codifica delle variabili, che dalla precisione nella raccolta e dalla corretta memorizzazione dei dati. Nel credito alle imprese, è ormai diffuso l'uso di indicatori basati su rapporti delle voci di bilancio riclassificate. La corretta individuazione delle poste da porre al numeratore e al denominatore degli indicatori fa parte di argomenti di ricerca avanzata, al confine fra la statistica e l'economia aziendale.

→ *Omissione degli effetti regionali e macroeconomici.* Nello sviluppo dei modelli abbiamo ignorato gli effetti dovuti a variazioni nel tempo e nello spazio dello scenario macroeconomico. Vari studi (si veda ad esempio Avery et al., 2004) confermano che la omissione di tali fattori conduce a stime distorte degli effetti dovuti alle caratteristiche individuali. La distorsione è più grave quanto maggiore è la finestra temporale di studio e la dispersione delle unità sul territorio. Se queste sono ampie, occorre formulare modelli che includono informazioni macro-economiche, quali il tasso di disoccupazione, il tasso di crescita reale del PIL o altri effetti regionali, comuni a sottoinsiemi di unità. In questo contesto, i modelli multilivello generalizzati (Hox, 2002, cap. 6), che permettono di includere effetti casuali comuni a gruppi di unità, possono costituire un utile strumento di riferimento.

→ *Omissione delle variabili individuali.* Un ulteriore aspetto riguarda la completezza delle informazioni sulle caratteristiche individuali. È infatti possibile che i modelli non includano le variabili esplicative effettivamente correlate con il merito di credito. Questo può essere dovuto al fatto che (a) queste non sono rilevate oppure (b) sono rilevate ad un istante temporale di riferimento, ma tuttavia cambiano nel tempo. Il primo problema può essere affrontato specificando modelli con variabili latenti (Skrondal e Rabe-Hesketh, 2004, capp. 3-4). Il secondo problema attiene alla esistenza di una struttura dinamica nel modello, ed è affrontato nel prossimo paragrafo.

→ *Struttura dinamica della probabilità di default.* Una delle critiche maggiori ai modelli di scoring risiede nel fatto che non permettono di catturare le variazioni nel tempo della probabilità di default degli individui, dovuta sia a variazioni del contesto economico, sia a mutamenti delle caratteristiche individuali (si veda ad esempio Shumway, 2001). Per catturare questo aspetto, oltre ai modelli multivariati, quali le catene di Markov segnalati nel primo capitolo, sono stati utilizzati modelli di sopravvivenza basati sul modello di Cox (1972) e sue estensioni (Therneau e Grambsh, 2000).

→ *Correlazione fra eventi di default.* Nel credito alle imprese, è possibile che la probabilità che un impresa faccia default vari in conseguenza dei default di imprese ad essa collegate nel sistema economico (si veda ad esempio Jarrow e Turnbull, 2000). Questo fatto induce una genuina correlazione fra le unità statistiche (distinta dalla correlazione indotta da comuni fattori macroeconomici), che deve essere inserita esplicitamente nel modello. Varie specificazioni sono possibili e il tema fa parte degli argomenti di statistica avanzata. I modelli che fanno uso delle copule (Cherubini et al., 2004) sembrano essere i più efficaci.

→ *Monitoraggio nel tempo.* Come abbiamo detto, il monitoraggio riguarda sia la capacità del modello di assegnare correttamente le unità alle due categorie dei buoni e cattivi, sia la accuratezza della stima della probabilità di default. Le tecniche presentate in fase di implementazione, quali le curve ROC e CAP, la tabella di errata classificazione e il test di Hosmer e Lemeshow, possono essere utilizzate anche in fase di monitoraggio. Come segnalato nel primo capitolo, nello scoring di accettazione vi sono problemi legati al fatto che solo la popolazione di coloro che sono ammessi al finanziamento può essere seguita nel tempo, ovvero è una popolazione selezionata. Questo dà luogo a difficoltà interpretative degli usuali strumenti di convalida (Hand, 2005). Anche nell'ambito del credito alle imprese, il monitoraggio nel tempo del modello comporta alcune cautele, in quanto le tecniche usualmente impiegate assumono sia l'indipendenza fra gli eventi di default delle imprese sia l'indipendenza fra il giudizio sul merito di credito di una data impresa e l'insolvenza di questa. Come segnalato da più parti, queste ipotesi possono non valere nella realtà. La costruzione di misure ottimali per il monitoraggio dei modelli di credit scoring fa parte di argomenti di ricerca più attuali, come evidenziano anche i relativi documenti emessi dal Comitato di Basilea.

→ *Scoring overrides.* Vi sono inoltre aspetti gestionali del credit scoring che derivano dal fatto che la misurazione del rischio deve essere integrata nel sistema multifunzionale della banca. Specialmente nelle fasi iniziali di implementazione, lo scoring si innesta in un meccanismo consolidato di gestione del rischio di credito basato sulla esperienza del responsabile del processo di affidamento. In questa fase è possibile che un conflitto fra i due sistemi di gestione venga risolto a favore della prassi consolidata. Questo fatto, noto come *scoring overrides*, se inserito correttamente nel sistema, costituisce una utile fonte di perfezionamento dello scoring, in quanto permette un confronto fra i due sistemi di erogazione del credito.

5.7 Note bibliografiche

Molti dei metodi presentati in questo capitolo sono trattati diffusamente in Hand (1997), Hastie et al. (2001) e Bishop (2007) a cui rimandiamo per approfondimenti. Il primo lavoro nel credit scoring che usa in maniera estesa il metodo delle k unità più vicine sembra essere Henley e Hand (1996). Una rassegna storica è in Hand (1997, cap. 5). Per la relazione fra il metodo delle k unità più vicine e la regressione si veda Hastie et al. (2001, cap. 2). Il voto di maggioranza può essere visto come una media aritmetica ponderata delle y del campione di validazione con pesi 1 se l'unità appartiene al gruppo delle N_k e 0 altrimenti. Estensioni includono l'uso di pesi diversi da 0 o 1 e determinati attraverso metodi di lisciamento. Dettagli sono in Hastie et al. (2001, cap. 2). Il problema dello sbilanciamento dei dati è trattato in García et al. (2008).

Per evitare problemi di sovraparametrizzazione delle reti neurali, specie se gli strati latenti sono molti, nella determinazione della funzione obiettivo è opportuno inserire parametri di penalizzazione. I dettagli sono in Hastie et al. (2001, cap. 11) o Bishop (2006, cap. 5). Le reti neurali sembrano essere, in molte circostanze, i migliori strumenti di classificazione. Nel credit scoring, Baesens et al. (2003) confrontano i risultati ottenuti con i diversi metodi presentati in questo libro applicati ad otto basi di dati. I risultati sembrano confermare la tendenza, ma evidenziano che anche il modello logistico e la analisi discriminante lineare conducono a risultati di poco inferiori. Le stesse conclusioni sono in West (2000). Hand (2001) osserva che nel caso di popolazioni che si sovrappongono, le reti neurali non sembrano condurre a risultati migliori degli altri classificatori.

Il primo lavoro che presenta gli alberi di classificazione con taglio statistico è Breiman et al. (1984). Si veda Rosenberg e Gleit (2001) per una rassegna nel contesto del credit scoring. Gli algoritmi genetici, originati dal lavoro di Holland (1975), nel credit scoring sembrano condurre a buoni risultati, si veda Albright (1993) e Fogarty e Ireson (1993). Di diverso orientamento Desai et al. (1997).

Maggiori dettagli e riferimenti bibliografici sulle recenti evoluzioni dei modelli di credit scoring si trovano in Stanghellini (2006). Lo studio comparato dei risultati prodotti da classificatori dipende molto dalla natura dei dati ed è di difficile generalizzazione. Hand (2006) osserva che il maggiore guadagno si ottiene con i metodi classici e che i metodi maggiormente sofisticati portano a miglioramenti di entità molto ridotta. Invece, grandi vantaggi si trovano curando gli aspetti legati alla qualità dei dati, alla completezza delle informazioni e alla formazione del campione, delineati nelle considerazioni conclusive.

Appendice A

Alcune variabili casuali

A.1 Variabile casuale di Bernoulli

Si consideri un esperimento casuale che dà luogo a due eventi incompatibili A e $\bar{A}$. Si denoti l'evento A come successo e si denoti con π la $P(A)$. La v.c. Y di Bernoulli assume valore 1 se si verifica A e valore 0 altrimenti. Di conseguenza, se Y è una v.c. di Bernoulli, $P(Y = 1) = \pi$ e $P(Y = 0) = 1-\pi$.

Un modo sintetico di indicare la funzione di probabilità $p(y) = P(Y = y)$, $y \in \{0, 1\}$, di una v.c. di Bernoulli è il seguente:

$$p(y) = \pi^y (1 - \pi)^{1-y} \quad y \in \{0, 1\}.$$

Come si vede, la v.c. di Bernoulli dipende dalla costante caratteristica π. Sinteticamente, una v.c. Y con distribuzione di Bernoulli di parametro π si indica con $Y \sim Be(\pi)$. Si dimostra agevolmente che se $Y \sim Be(\pi)$ allora $E(Y) = \pi$ e $Var(Y) = \pi(1 - \pi)$.

A.2 Variabile casuale binomiale e binomiale relativa

Si considerino n ripetizioni indipendenti di un esperimento bernoulliano. Sia Y la v.c. che conta il numero dei successi. Questa v.c. si chiama binomiale. La v.c. binomiale può anche essere vista come la somma delle v.c. di Bernoulli. Se $n = 1$, la v.c. binomiale Y coincide con la v.c. di Bernoulli X. Se $n > 1$ la v.c. binomiale Y assume valori che vanno da 0 a n muovendosi all'interno dei numeri naturali. La funzione di probabilità di una v.c. binomiale si può così scrivere:

Stanghellini E.: Introduzione ai metodi statistici per il credit scoring.
© Springer-Verlag Italia 2009, Milano

$$p(y) = \binom{n}{y} \pi^y (1 - \pi)^{n-y} \quad y \in \{0, 1, \ldots, n\}. \tag{A.1}$$

Dallo studio della funzione si può notare che essa è simmetrica per $\pi = 0.5$.

Sinteticamente, una v.c. Y con distribuzione binomiale si indica con $Y \sim Bin(n; \pi)$, in cui n è il numero delle prove, detto anche dimensione, e π è la probabilità di successo della variabile casuale di Bernoulli da cui deriva. Si dimostra agevolmente che se Y è una v.c. binomiale, $E(Y) = n\pi$ e $Var(Y) = n\pi(1 - \pi)$.

Molto importate in questo contesto è la variabile casuale binomiale relativa. Se Z è una v.c. binomiale $Z \sim Bin(\pi; n)$, la variabile casuale $Y = Z/n$ è detta binomiale relativa. La funzione di probabilità di una v.c. binomiale relativa si può così scrivere:

$$p(y) = \binom{n}{ny} \pi^{ny} (1 - \pi)^{(n-ny)} \quad y \in \{0, \frac{1}{n}, \frac{2}{n}, \ldots, 1\}. \tag{A.2}$$

Sinteticamente una v.c. Y con distribuzione binomiale relativa si indica con $Y \sim Bin(n; \pi)/n$. Si dimostra agevolmente che Y ha valore atteso $E(Y) = \pi$ e varianza $Var(Y) = \frac{\pi(1-\pi)}{n}$.

A.3 Variabile casuale normale

La v.c. normale (detta anche gaussiana) descrive bene molti fenomeni continui e la sua importanza è determinante nell'ambito della statistica inferenziale. Una v.c. Y ha distribuzione normale se la sua funzione di densità è così espressa:

$$f(y) = \frac{1}{\sigma\sqrt{2\pi}} e^{-(y-\mu)^2/2\sigma^2} , \quad -\infty < y < +\infty \tag{A.3}$$

in cui μ e σ^2 sono la media e la varianza di Y. Una v.c. Y con distribuzione normale di parametri μ e σ^2 si indica sinteticamente con $Y \sim N(\mu; \sigma^2)$. Dallo studio della funzione si possono evidenziare le seguenti importanti proprietà:

(a) è simmetrica intorno alla media;

(b) ha un unico punto μ in cui la derivata prima si annulla; esso coincide con un massimo, ovvero è crescente nell'intervallo $(-\infty, \mu)$ e decrescente in $(\mu, +\infty)$;

(c) ha due punti di flesso in $\mu - \sigma$ e $\mu + \sigma$, è concava in $(\mu - \sigma, \mu + \sigma)$ e convessa altrove;

(d) $\lim_{y \to -\infty} f(y) = \lim_{y \to \infty} f(y) = 0$.

Nel caso in cui $\mu = 0$ e $\sigma = 1$, la v.c. normale è detta *standardizzata*.

A.4 Variabile casuale normale multipla

Sia $(X_1, \ldots, X_p)^T$ un vettore di variabili aleatorie che assume valore $\mathbf{x}^T = (x_1, \ldots, x_p)$. Esso ha distribuzione normale (o gaussiana) multipla di dimensione p e di parametri $\boldsymbol{\mu}$ e $\boldsymbol{\Sigma}$, con $\boldsymbol{\Sigma}$ una matrice definita positiva, se la funzione di densità congiunta può scriversi:

$$f(\mathbf{x}) = \frac{1}{(2\pi)^{\frac{p}{2}} \mid \boldsymbol{\Sigma} \mid^{\frac{1}{2}}} \exp \left\{ -\frac{1}{2}(\mathbf{x} - \boldsymbol{\mu})^T \boldsymbol{\Sigma}^{-1} (\mathbf{x} - \boldsymbol{\mu}) \right\}$$

per ogni $\mathbf{x} \in \mathcal{R}^p$. Si dimostra che $\boldsymbol{\mu}$ è pari al valore atteso e che $\boldsymbol{\Sigma}$ è la matrice delle varianze e delle covarianze. Sinteticamente, una v.c. p-dimensionale con distribuzione normale multipla si indica con $(X_1, \ldots, X_p)^T \sim N_p(\mu; \boldsymbol{\Sigma})$. Una trattazione approfondita della variabile casuale multipla si trova in Mardia et al.(1979, capp. 2-3) oppure in Anderson (2003, cap. 2).

Appendice B

Il modello di regressione lineare

B.1 Il modello di regressione lineare multiplo

Si vuole studiare la relazione che, in una determinata popolazione di interesse, lega una variabile casuale continua Y, detta dipendente, ad un insieme di p variabili $x_1, x_2, \ldots, x_p$, dette esplicative o 'regressori'. Si assume inoltre che la relazione che lega Y ad $x_1, x_2, \ldots, x_p$ sia lineare nei parametri. In molti fenomeni, è ragionevole assumere che le variabili esplicative non colgano tutta la variabilità della Y, ma che Y sia influenzata da altri fattori non misurabili direttamente, detti 'errori' o 'residui', il cui effetto si aggiunge in modo additivo a quello delle variabili esplicative. Testi in italiano che trattano in maniera diffusa il modello di regressione lineare multiplo sono, fra gli altri, Azzalini (2001) e Cappuccio e Orsi (2005), a cui rimandiamo per integrazioni.

Più formalmente, si indichi con Y_i la v.c. risposta nella i-esima unità, con $\boldsymbol{\beta}$ il vettore $(p \times 1)$ dei coefficienti di regressione e con $\mathbf{x}_i = (x_{i1}, \ldots, x_{ip})$ il vettore riga $(1 \times p)$ dei valori osservati delle esplicative. Il modello di regressione lineare è il seguente:

$$Y_i = \mathbf{x}_i \boldsymbol{\beta} + \varepsilon_i \tag{B.1}$$

in cui ε_i è la v.c. che descrive il residuo. Se il modello contiene il termine costante, allora $x_{i1} = 1$ e β_1 è l'intercetta del modello. Supponiamo di avere N unità, con $N > p$. Sia $\mathbf{Y}^T = (Y_1, Y_2, \ldots, Y_N)$ il vettore i cui elementi sono costituiti dalla v.c. dipendente Y nelle unità indicate a pedice. Sia $\boldsymbol{\varepsilon}^T = (\varepsilon_1, \ldots, \varepsilon_N)$ il vettore i cui elementi sono la v.c. dei residui nelle unità indicate a pedice. Inoltre, sia $\mathbf{X}$ la matrice $(N \times p)$ in cui ogni ri-

Stanghellini E.: Introduzione ai metodi statistici per il credit scoring.
© Springer-Verlag Italia 2009, Milano

ga corrisponde al valore osservato delle variabile esplicative. Il modello di regressione si può scrivere in forma matriciale:

$$\mathbf{Y} = \mathbf{X}\boldsymbol{\beta} + \boldsymbol{\varepsilon} \tag{B.2}$$

Se il modello contiene il termine costante, allora la prima colonna di $\mathbf{X}$ è la colonna di 1.

→ *Ipotesi di base.* Si assume che:

$i)$ $\mathbf{X}$ è una matrice non stocastica di rango p;

$ii)$ le v.c. ε_i siano identicamente distribuite con valore atteso $E(\varepsilon_i) = 0$ e $Var(\varepsilon_i) = \sigma^2$. L'ipotesi di varianza costante è detta anche di omoschedasticità.

$iii)$ la v.c. dei residui di una unità i sia incorrelata con la v.c. dei residui di ogni altra unità l, ovvero $Cov(\varepsilon_i, \varepsilon_l) = 0$ per ogni $i \neq l$.

Talvolta, in casi fortunati, si può anche pensare che la v.c. dei residui abbia una distribuzione normale, ovvero:

$iv)$ $\varepsilon_i \sim N(0, \sigma^2)$.

Si noti che la $ii)$ e la $iii)$ si possono riassumere nel modo seguente. Ricordando che $\boldsymbol{\varepsilon}^T = (\varepsilon_1, \ldots, \varepsilon_N)$, avremo:

$$E(\boldsymbol{\varepsilon}) = \mathbf{0} \text{ e } E(\boldsymbol{\varepsilon}\boldsymbol{\varepsilon}^T) = \sigma^2 \mathbf{I}_N.$$

→ *Discussione delle ipotesi.* Si supponga di osservare tutte le unità della popolazione che hanno uno stesso valore delle variabili esplicative. La relazione (B.1) dice che la differenza di comportamento fra queste unità è determinata dalla variabilità della v.c. ε. Inoltre:

1) l'ipotesi $i)$ implica che, essendo $N > p$, la matrice $\mathbf{X}$ è di rango p se le colonne sono linearmente indipendenti. Questo implica che non esista una colonna di $\mathbf{X}$ che può essere ottenuta come combinazione lineare delle altre.

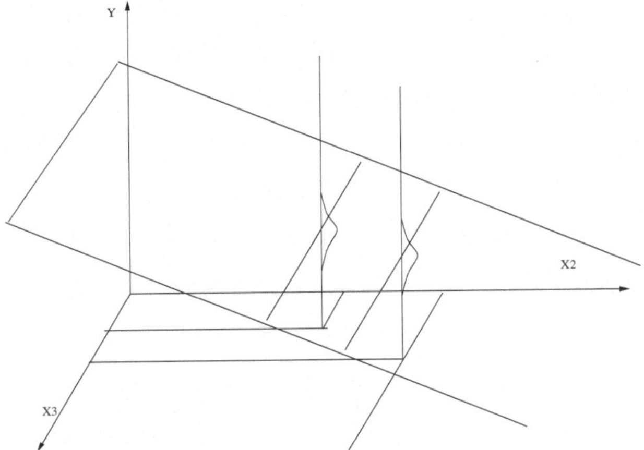

Figura B.1. Piano di regressione con coefficienti $\beta_1 > 0$, $\beta_2 < 0$, $\beta_3 = 0$

2) La ipotesi $ii)$ implica:

$$E(Y_i \mid \mathbf{x}_i) = \mathbf{x}_i \boldsymbol{\beta} \quad \text{e, anche,} \quad Var(Y_i \mid \mathbf{x}_i) = \sigma^2.$$

Pertanto il valore atteso condizionato di Y giace su un (iper)piano. La dispersione attorno al valore atteso è costante e non dipende da $\mathbf{x}$. In figura B.1 è riportato un esempio di un piano di regressione per $p = 3$.

3) Possiamo interpretare la $iii)$, informalmente, nel modo seguente: il valore della variabile casuale che descrive il residuo della unità i-esima non è influenzato (linearmente) da quello dell'unità l-esima.

4) L'ipotesi $iv)$ può trovare una giustificazione nel teorema del Limite Centrale. Infatti, se il fattore residuale è una variabile casuale data dalla somma di molti fattori, rappresentati anch'essi attraverso variabili casuali, allora si può pensare che se il numero di questi fattori è elevato, la distribuzione dei residui può essere descritta da una normale.

B.2 Il problema inferenziale senza l'ipotesi di normalità ...

Tipicamente, i parametri del modello $\boldsymbol{\beta}$ e σ^2 non sono noti, e si deve procedere ad una loro stima attraverso un campione casuale di unità estratte dalla popolazione di studio. Si tratta quindi di trovare procedure di stima ottimali. Per ogni unità del campione si rilevano i valori di y_i e di $\mathbf{x}_i$. Sia

$\mathbf{y}^T = (y_1, y_2, \ldots, y_N)$ il vettore $N \times 1$ dei valori osservati della variabile dipendente Y e $\mathbf{X}$ la matrice come definita in precedenza. In questi paragrafo si assumono valide le ipotesi $i) - iii)$ ma non la $iv)$.

→ *Stima di β mediante il metodo dei minimi quadrati.* Si cerca quel valore $\hat{\beta}$ che rende minima la seguente somma:

$$S = \sum_{i=1}^{N} (y_i - \mathbf{x}_i \beta)^2 = (\mathbf{y} - \mathbf{X}\beta)^T (\mathbf{y} - \mathbf{X}\beta).$$

Si noti che S è uno scalare. Svolgendo i calcoli,

$$S = \mathbf{y}^T \mathbf{y} - \beta^T \mathbf{X}^T \mathbf{y} - \mathbf{y}^T \mathbf{X}\beta + \beta^T \mathbf{X}^T \mathbf{X}\beta = \mathbf{y}^T \mathbf{y} - 2\beta^T \mathbf{X}^T \mathbf{y} + \beta^T \mathbf{X}^T \mathbf{X}\beta.$$

Per trovare $\hat{\beta}$ si calcolano le derivate parziali di S rispetto a β e si pongono uguali a zero. Si definisce $\frac{\partial S}{\partial \beta}$ il vettore che ha come generico elemento i il valore $\frac{\partial S}{\partial \beta_i}$. Si verifica che

$$\frac{\partial S}{\partial \beta} = -2\mathbf{X}^T \mathbf{y} + 2\mathbf{X}^T \mathbf{X}\beta.$$

Imponendo l'uguaglianza a zero avremo:

$$\mathbf{X}^T \mathbf{y} = \mathbf{X}^T \mathbf{X}\beta \tag{B.3}$$

e risolvendo per β si trova

$$\hat{\beta} = (\mathbf{X}^T \mathbf{X})^{-1} \mathbf{X}^T \mathbf{y}.$$

Lo studio della matrice delle derivate parziali del secondo ordine dice che la soluzione ottenuta è un punto di minimo.

→ *Definizione.* Si definiscono:

$\hat{\mathbf{y}} = \mathbf{X}\hat{\beta}$ il vettore $(N \times 1)$ dei valori attesi stimati;

$\hat{\epsilon} = \mathbf{y} - \hat{\mathbf{y}} = \mathbf{y} - \mathbf{X}\hat{\beta}$ il vettore $(N \times 1)$ dei residui stimati o residui osservati (da non confondere con ϵ, il vettore $(N \times 1)$ dei residui veri).

→ *Stima di σ^2 mediante il metodo dei minimi quadrati.*

Dal momento che $\hat{\epsilon}$ il vettore $(N \times 1)$ dei residui osservati, una stima della dispersione delle distribuzioni è data dalla grandezza $\hat{\epsilon}^T \hat{\epsilon}$. Questa grandezza risente però del fattore dovuto alla numerosità delle osservazioni (è una devianza, infatti). Per motivi che saranno chiari in seguito, la stima dei minimi quadrati di σ^2 che indicheremo con $\hat{\sigma}^2$ è data da

$$\hat{\sigma}^2 = \frac{\hat{\epsilon}^T \hat{\epsilon}}{N - p}.$$

B.2.1 Prime analisi descrittive del modello stimato

Teorema B.1 *Si dimostra che* $\mathbf{X}^T \hat{\epsilon} = \mathbf{0}$.

Dimostrazione

$$\mathbf{X}^T(\mathbf{y} - \hat{\mathbf{y}}) = \mathbf{X}^T(\mathbf{y} - \mathbf{X}\hat{\boldsymbol{\beta}}) = \mathbf{X}^T\mathbf{y} - \mathbf{X}^T\mathbf{X}(\mathbf{X}^T\mathbf{X})^{-1}\mathbf{X}^T\mathbf{y} = \mathbf{0}.$$

Segue dal Teorema precedente, che se il modello contiene l'intercetta, ovvero la prima colonna di $\mathbf{X}$ è una colonna di 1, il primo elemento di $\mathbf{X}^T\hat{\epsilon}$ è pari a

$$\sum_{i=1}^{N} \hat{\epsilon}_i$$

ed essendo uguale a zero, allora la somma dei residui stimati è nulla. Inoltre, sempre nel caso in cui il modello contenga l'intercetta, essendo $\sum_{i=1}^{N}(y_i - \hat{y}_i) = 0$ allora $\sum_{i=1}^{N} y_i = \sum_{i=1}^{N} \hat{y}_i$ ovvero la somma dei valori attesi stimati è pari a quella dei valori osservati. In tal caso anche i valori medi delle due distribuzioni coincidono.

$\rightarrow$ *Definizione.* Si definiscono:

$SST = \mathbf{y}^T\mathbf{y} - N\bar{y}^2$ (SST è la devianza delle y osservate);

$SSR = \hat{\mathbf{y}}^T\hat{\mathbf{y}} - N\bar{y}^2$ (SSR è la devianza dei valori che giacciono sulla retta stimata);

$SSE = \hat{\epsilon}^T\hat{\epsilon}$ (SSE è la devianza dei residui stimati).

$R^2 = 1 - \frac{SSE}{SST} = \frac{SST - SSE}{SST}$.

Si noti che la stima $\hat{\sigma}^2$ si può anche scrivere $SSE/(N - p)$.

Teorema B.2 *Se il modello contiene l'intercetta*

$$\mathbf{y}^T\mathbf{y} = \hat{\mathbf{y}}^T\hat{\mathbf{y}} + \hat{\epsilon}^T\hat{\epsilon}.$$

Dimostrazione *Dalla scomposizione dei valori veri:*

$$\mathbf{y}^T\mathbf{y} = (\mathbf{X}\hat{\boldsymbol{\beta}} + \hat{\boldsymbol{\epsilon}})^T(\mathbf{X}\hat{\boldsymbol{\beta}} + \hat{\boldsymbol{\epsilon}}) = \hat{\boldsymbol{\beta}}^T\mathbf{X}^T\mathbf{X}\hat{\boldsymbol{\beta}} + \hat{\boldsymbol{\epsilon}}^T\mathbf{X}\hat{\boldsymbol{\beta}} + \hat{\boldsymbol{\beta}}^T\mathbf{X}^T\hat{\boldsymbol{\epsilon}} + \hat{\boldsymbol{\epsilon}}^T\hat{\boldsymbol{\epsilon}} = \hat{\boldsymbol{\beta}}^T\mathbf{X}^T\mathbf{X}\hat{\boldsymbol{\beta}} + 2\hat{\boldsymbol{\beta}}^T\mathbf{X}^T\hat{\boldsymbol{\epsilon}} + \hat{\boldsymbol{\epsilon}}^T\hat{\boldsymbol{\epsilon}}.$$

Essendo $\mathbf{X}^T\hat{\boldsymbol{\epsilon}} = \mathbf{0}$ *anche* $\boldsymbol{\beta}^T\mathbf{X}^T\hat{\boldsymbol{\epsilon}} = \mathbf{0}$. *Inoltre, essendo* $\hat{\boldsymbol{\beta}}^T\mathbf{X}^T\mathbf{X}\hat{\boldsymbol{\beta}} = \hat{\mathbf{y}}^T\hat{\mathbf{y}}$, *il risultato segue.*

Corollario *Se il modello contiene l'intercetta* $SST = SSR + SSE$.

Dimostrazione *Dal teorema precedente segue che* $\mathbf{y}^T\mathbf{y} - N\bar{y}^2 = \hat{\mathbf{y}}^T\hat{\mathbf{y}} - N\bar{y}^2 + \hat{\boldsymbol{\epsilon}}^T\hat{\boldsymbol{\epsilon}}$, *da cui il risultato.*

La grandezza R^2 in un modello che contiene l'intercetta può anche scriversi come $R^2 = \frac{SSR}{SST}$. Inoltre, sempre se il modello contiene l'intercetta, allora $0 \leq R^2 \leq 1$. Infatti, SSR ha come minimo 0 e come massimo SST.

L'indice R^2 dà una valutazione del potere esplicativo delle v.c. X_j. Se $R^2 = 0$ allora $SSR = 0$ e i valori stimati $\hat{y}_i$ sono costanti. Pertanto $\hat{\beta}_j = 0$ se $j \in \{2, \ldots, p\}$ e $\hat{\beta}_1 = \bar{y}$. In tal caso, $SST = SSE$ ovvero la devianza totale dei valori osservati coincide con quella dei residui. Se $R^2 = 1$ invece tutta la variabilità delle y è colta dall'(iper)piano di regressione e non vi è variabilità residua. Nella realtà avremo situazioni intermedie.

B.2.2 Analisi della distribuzione degli stimatori

Nel seguito guarderemo alle stime $\hat{\boldsymbol{\beta}}$ e $\hat{\sigma}^2$ come variabili casuali, ovvero come funzioni delle v.c. Y e $\boldsymbol{\epsilon}$ del modello di regressione.

$\rightarrow$ *Analisi sulla distribuzione degli stimatori* $\hat{\boldsymbol{\beta}}$ *per* $\boldsymbol{\beta}$.

Linearità di $\hat{\boldsymbol{\beta}}$. Si indichi con $\mathbf{A} = (X^T X)^{-1}X^T$. I coefficienti $\hat{\boldsymbol{\beta}} = \mathbf{AY}$ sono trasformazioni lineari delle v.c. $\mathbf{Y}^T = (Y_1, \ldots, Y_N)$.

Correttezza di $\hat{\boldsymbol{\beta}}$. Per valutare la correttezza di $\hat{\boldsymbol{\beta}}$ occorre guardare a $\hat{\boldsymbol{\beta}}$ come una variabile casuale ottenuta dalla combinazione lineare della variabile casuale Y, ovvero $\hat{\boldsymbol{\beta}} = (X^T X)^{-1}X^T\mathbf{Y}$. In base al modello (B.2) possiamo anche scrivere che $\hat{\boldsymbol{\beta}} = (X^T X)^{-1}\mathbf{X}^T(\mathbf{X}\boldsymbol{\beta} + \boldsymbol{\epsilon})$.

Si dimostra facilmente che $\hat{\boldsymbol{\beta}}$ è corretto. Infatti:

$$E(\hat{\boldsymbol{\beta}}) = E[(\mathbf{X}^T\mathbf{X})^{-1}\mathbf{X}^T(\mathbf{X}\boldsymbol{\beta} + \boldsymbol{\epsilon})] = \boldsymbol{\beta} + (\mathbf{X}^T\mathbf{X})^{-1}\mathbf{X}^T E(\boldsymbol{\epsilon}) = \boldsymbol{\beta}$$

Matrice delle varianze e delle covarianze di $\hat{\beta}$. La matrice delle varianze e delle covarianze di $\hat{\beta}$ è pari a

$$E[(\hat{\beta} - \beta)(\hat{\beta} - \beta)^T] = E[(\mathbf{X}^T\mathbf{X})^{-1}\mathbf{X}^T\varepsilon\varepsilon^T\mathbf{X}(\mathbf{X}^T\mathbf{X})]^{-1} = (\mathbf{X}^T\mathbf{X})^{-1}\sigma^2$$

Si noti che l'elemento j-esimo della diagonale di questa matrice contiene la varianza dello stimatore $\hat{\beta}_j$. L'elemento (j, r) fuori diagonale, invece contiene la covarianza fra gli stimatori $\hat{\beta}_j$ e $\hat{\beta}_r$.

Esempio B.1 *Nel caso di un modello di regressione lineare semplice si può verificare che la matrice* $(\boldsymbol{X}^T\boldsymbol{X})^{-1}$ *è la seguente:*

$$\begin{pmatrix} N & \sum_{i=1}^{N} x_{i2} \\ \sum_{i=1}^{N} x_{i2} & \sum_{i=1}^{N} x_{i2}^2 \end{pmatrix}^{-1} = \frac{1}{N\sum_{i=1}^{N} x_{i2}^2 - (\sum_{i=1}^{N} x_{i2})^2}$$
$$\begin{pmatrix} \sum_{i=1}^{N} x_{i2}^2 & -\sum_{i=1}^{N} x_{i2} \\ -\sum_{i=1}^{N} x_{i2} & N \end{pmatrix}$$

Moltiplicando ogni singolo elemento di $(\boldsymbol{X}^T\boldsymbol{X})^{-1}$ *per* σ^2 *si ottiene le espressioni delle varianza dei coefficienti (date dai termini sulla diagonale) e della covarianza fra* $\hat{\beta}_1$ *e* $\hat{\beta}_2$. *Si noti che, se* $\bar{x}_2 > 0$, *tale termine è negativo. Una interpretazione intuitiva sta nel fatto che, sotto i vincoli determinati dalle equazioni di stima, di uguaglianza fra la somma dei valori attesi stimati e dei valori osservati, maggiore è la stima dell'intercetta del modello minore è la stima del coefficiente angolare.*

Il seguente teorema assicura che $\hat{\beta}$ siano stimatori per β a varianza minima nella classe di stimatori corretti.

Teorema B.3 (di Gauss-Markov). *La matrice delle varianze e covarianze di* $\hat{\beta}$ *è minima nella classe degli stimatori lineari e corretti di* β.

Per la dimostrazione si veda Azzalini (2001), cap. 5.

Normalità asintotica dei $\hat{\beta}$. Si indichi con $\mathbf{A} = (\boldsymbol{X}^T\boldsymbol{X})^{-1}\mathbf{X}^T$. Il parametro $\hat{\beta}_j$, che ora consideriamo come v.c., può vedersi come data dal prodotto scalare fra la j-esima riga di $\mathbf{A}$ e il vettore delle v.c. Y, ovvero può scriversi come una somma di tante variabili casuali. Infatti,

$$\hat{\beta}_j = \sum_{i=1}^{N} A_{ji}Y_i$$

Se N è molto grande, si può pensare che esista una distribuzione che approssima la distribuzione di $\hat{\beta}$. Occorre però notare che per $\mathbf{x}$ fissato, le v.c. Y_i sono incorrelate, ma non identicamente distribuite in quanto il loro valore atteso è pari a $\mathbf{x}_i\beta$, ovvero varia in funzione delle esplicative. Tuttavia, una versione modificata del Teorema del Limite Centrale assicura che per N sufficientemente grande, la distribuzione dei $\hat{\beta}$ può essere approssimata da una distribuzione normale multipla. Il valore atteso di questa distribuzione è β e la matrice di varianza e covarianza è pari a $(\mathbf{X}^T\mathbf{X})^{-1}\sigma^2$.

$\rightarrow$ *Analisi sulla distribuzione dello stimatore $\hat{\sigma}^2$ per σ^2.*

Come abbiamo detto, una misura della variabilità non spiegata dal modello è data dalla SSE. Ci possiamo chiedere se una funzione di SSE può essere utilizzata per stimare σ^2. Occorre quindi valutare il valore atteso di SSE vista come v.c., ovvero come funzione delle variabili casuali ε.

Correttezza. Si può dimostrare che $\hat{\sigma}^2$ è uno stimatore corretto di σ^2 (si veda l'esercizio B.5).

B.3 ... e con l'ipotesi di normalità

Dalla normalità della distribuzione di ε, ipotesi iv), discende che la distribuzione di Y, condizionata ai valori osservati di $\mathbf{x}$, è anch'essa normale, ovvero $Y \mid \mathbf{x} \sim N(\mathbf{x}\beta, \sigma^2)$.

$\rightarrow$ *Stima di β e σ^2 mediante il metodo della massima verosimiglianza.* Da quanto detto:

$$f(y_i \mid \mathbf{x}_i) = \frac{1}{\sqrt{2\pi\sigma^2}}\exp-\frac{1}{2\sigma^2}(y_i - \mathbf{x}_i\beta)^2$$

da cui la funzione di verosimiglianza del campione osservato $L(\beta, \sigma^2)$, è

$$L(\beta, \sigma^2) = \prod_{i=1}^{N} f(y_i \mid \mathbf{x}_{i\cdot}) = \frac{1}{(2\pi\sigma^2)^{N/2}}\exp-\frac{1}{2\sigma^2}\sum_{i=1}^{N}(y_i - \mathbf{x}_i\beta)^2.$$

Le stime di massima verosimiglianza di β e σ sono quei valori $\tilde{\beta}$ e $\tilde{\sigma}^2$ che massimizzano la verosimiglianza o, equivalentemente, la funzione di log-verosimiglianza che anche in questo caso possiede una espressione più semplice:

$$l(\boldsymbol{\beta}, \sigma^2) = -\frac{N}{2}\log 2\pi - \frac{N}{2}\log \sigma^2 - \frac{1}{2\sigma^2}\sum_{i=1}^{N}(y_i - \mathbf{x}_i\boldsymbol{\beta})^2.$$

Le stime di massima verosimiglianza si ottengono a) derivando parzialmente la log-verosimiglianza ed imponendo che il sistema delle derivate parziali sia pari a zero e b) controllando attraverso lo studio della matrice delle derivate parziali del secondo ordine che la soluzione ottenuta sia un punto di massimo. Imponendo l'uguaglianza a zero delle $p+1$ equazioni e risolvendo il sistema si trova (si veda l'esercizio B.6):

$$\tilde{\boldsymbol{\beta}} = (\boldsymbol{X}^T\boldsymbol{X})^{-1}\mathbf{X}^T\mathbf{y}$$

$$\tilde{\sigma}^2 = \frac{1}{N}\sum_{i=1}^{N}(y_i - \mathbf{x}_i\tilde{\boldsymbol{\beta}})^2 = \frac{1}{N}\tilde{\boldsymbol{\epsilon}}^T\tilde{\boldsymbol{\epsilon}}.$$

Lo studio della matrice delle derivate parziali del secondo ordine assicura che la soluzione ottenuta è un punto di massimo.

Si noti l'uguaglianza fra le stime con il metodo dei minimi quadrati di $\boldsymbol{\beta}$ e le stime mediante massima verosimiglianza, ovvero $\tilde{\boldsymbol{\beta}} = \hat{\boldsymbol{\beta}}$. Da questa uguaglianza discendono, nel caso di normalità degli errori, le seguenti proprietà:

1) gli stimatori $\tilde{\boldsymbol{\beta}} = \hat{\boldsymbol{\beta}}$ sono corretti e hanno matrice delle varianze e delle covarianze pari a $(\boldsymbol{X}^T\boldsymbol{X})^{-1}\sigma^2$; tale matrice, minima nella classe degli stimatori lineari e corretti (Teorema di Gauss Markov), è, nel caso di normalità degli errori, minima nella classe degli stimatori corretti (più precisamente, coincide con il limite inferiore della disuguaglianza di Cramer-Rao, si veda Azzalini, 2001, cap. 3);

2) gli stimatori $\hat{\boldsymbol{\beta}}$ hanno, anche per N finito, una distribuzione congiuntamente normale. Infatti, possono essere viste come combinazione lineare di v.c. normali, ovvero $\hat{\boldsymbol{\beta}} = \mathbf{A}\mathbf{Y}$ con $\mathbf{A} = (\boldsymbol{X}^T\boldsymbol{X})^{-1}\mathbf{X}^T$ (si ricordi che nel caso in cui l'ipotesi iv) non valga la distribuzione normale multivariata costituisce una buona approssimazione della distribuzione dei $\hat{\boldsymbol{\beta}}$ solo per N grande);

3) lo stimatore $\tilde{\sigma}^2$ può anche scriversi SSE/N. Da quanto visto in precedenza, esso non è uno stimatore corretto.

Per quanto riguarda la forma della distribuzione dello stimatore $\hat{\sigma}^2$ nel caso di normalità degli errori si devono fare ulteriori derivazioni. Si utilizza il seguente:

Teorema B.4 *Sia ε un vettore di N variabili casuali con distribuzione $\varepsilon \sim N(0, \sigma^2 \mathbf{I}_N)$. Sia $\mathbf{Q}$ una matrice simmetrica e idempotente di ordine p. La distribuzione di*

$$\frac{\varepsilon^T \mathbf{Q} \varepsilon}{\sigma^2}$$

è una χ^2 con gradi di libertà pari al rango di $\mathbf{Q}$.

Per la dimostrazione si veda Azzalini (2001), cap. 5.

Sia $\hat{\varepsilon}$ il vettore delle v.c. che esprimono i residui stimati. Essendo $\hat{\varepsilon} = \mathbf{M}\varepsilon$ e rango($\mathbf{M}$) $= N - p$ (si veda gli esercizi B.3 e B.4), ne segue che, sotto l'ipotesi di normalità delle ε, la variabile casuale $\frac{SSE}{\sigma^2} \sim \chi^2_{N-p}$.

Un ulteriore teorema ci permette di fare inferenza sui parametri incogniti $\boldsymbol{\beta}$ e σ^2 del modello di regressione.

Teorema B.5 *Gli stimatori $\hat{\boldsymbol{\beta}}$ e $\hat{\sigma}^2$ sono indipendenti.*

Per la dimostrazione si veda Azzalini (2001), cap. 5.

B.3.1 Inferenza sui singoli coefficienti β_j

$\rightarrow$. *Valgono le ipotesi $i) - iv)$*. Abbiamo visto che sotto le ipotesi di normalità dei residui, le stime dei coefficienti $\hat{\boldsymbol{\beta}}$ hanno una distribuzione normale multipla di dimensione p, ovvero $\hat{\boldsymbol{\beta}} \sim N_p(\boldsymbol{\beta}, \sigma^2(\boldsymbol{X}^T\boldsymbol{X})^{-1})$. Da questo discende che anche la distribuzione marginale dei singoli coefficienti è normale. Indicando con v_{jj} il j-esimo elemento della diagonale principale della matrice $(\boldsymbol{X}^T\boldsymbol{X})^{-1}$, possiamo scrivere:

$$\hat{\beta}_j \sim N(\beta_i, v_{jj}\sigma^2).$$

Nel caso, inverosimile, in cui la varianza σ^2 sia nota, questa distribuzione costituisce la base per effettuare verifiche di ipotesi sui coefficienti. Non approfondiamo ulteriormente questo aspetto, ritenendolo di facile derivazione una volta trattato il caso più plausibile di varianza incognita.

Come abbiamo visto, lo stimatore $\frac{SSE}{\sigma^2} \sim \chi^2_{N-p}$. Inoltre, data l'indipendenza fra $\hat{\boldsymbol{\beta}}$ e $\hat{\sigma}^2$, possiamo notare che la grandezza:

$$\frac{\frac{\hat{\beta}_j - \beta_j}{\sqrt{\sigma^2 v_{jj}}}}{\sqrt{\frac{SSE}{\sigma^2(N-p)}}} = \frac{\hat{\beta}_j - \beta_j}{\sqrt{\hat{\sigma}^2 v_{jj}}}$$

si distribuisce come una T di Student con $N - p$ gradi di libertà.

Esempio B.2 *(segue da B.1). La equazione dell'esempio B.1 riporta i valori della matrice $(\boldsymbol{X}^T\boldsymbol{X})^{-1}$ nel caso di un modello di regressione lineare semplice. Si noti che il denominatore di ogni elemento della matrice è pari a N volte la devianza campionaria di X_2. Ne segue che al crescere della dispersione della variabile esplicativa diminuiscono i termini v_{jj} e, a parità di σ^2, diminuiscono le varianze dei $\hat{\beta}_j$. L'inferenza che coinvolge questi parametri è pertanto più precisa maggiore è la dispersione della variabile X_2 nel campione.*

Un ragionamento analogo può farsi nel caso del modello di regressione con $p > 2$. Al crescere delle devianze delle variabili esplicative, la varianza delle stime dei parametri $\hat{\beta}_j$ diminuisce. Si noti che, se la varianza è incognita, la grandezza $\hat{\sigma}^2(\boldsymbol{X}^T\boldsymbol{X})^{-1}$ costituisce una stima della matrice delle varianza e delle covarianze di $\hat{\boldsymbol{\beta}}$.

(a) *Verifica dell'ipotesi: $\beta_j = \beta_j^0$ con alternativa bidirezionale.*

Si vuole sottoporre a test l'ipotesi che $H_0 : \beta = \beta_j^0$ contro un'alternativa $H_1 : \beta_j \neq \beta_j^0$. La statistica test è pertanto:

$$\frac{\hat{\beta}_j - \beta_j^0}{\sqrt{\hat{\sigma}^2 v_{ii}}}$$

che sotto H_0 è distribuita come una T di Student con $N - p$ gradi di libertà. Si rifiuta per valori di elevati di $|\beta_j - \beta_j^0|$. Si fissa pari ad α la probabilità di rifiutare l'ipotesi H_0 quando essa è vera. Si cerca pertanto quei valori c_1 e c_2 tali che:

$$P\left(c_1 \leq \frac{\hat{\beta}_j - \beta_j^0}{\sqrt{\hat{\sigma}^2 v_{jj}}} \leq c_2 \mid \text{sotto } H_0\right) = 1 - \alpha.$$

Si indichi con $t_{\gamma,d}$ il valore tale che $P(T_d > t_{\gamma,d}) = \gamma$ con T_d una v.c. T di Student con d gradi di libertà. Se si vuole che la probabilità di rifiutare H_0

quando è vera sia ugualmente ripartita nei due estremi della distribuzione, allora, data la simmetria attorno allo zero della t di Student, avremo

$$c_2 = -c_1 = t_{\frac{\alpha}{2}, N-p}.$$

Ne segue che si rifiuterà per valori di $\frac{\hat{\beta}_j - \beta_j^0}{\sqrt{\hat{\sigma}^2 v_{jj}}}$ esterni all'intervallo

$$(-t_{\frac{\alpha}{2}, N-p} \, , \; +t_{\frac{\alpha}{2}, N-p})$$

o, equivalentemente, per valori di $\hat{\beta}_j$ esterni all'intervallo

$$(\beta_j^0 - t_{\frac{\alpha}{2}, N-p} \hat{\sigma} \sqrt{v_{jj}} \, , \; \beta_j^0 + t_{\frac{\alpha}{2}, N-p} \hat{\sigma} \sqrt{v_{jj}}).$$

In genere, il valore specificato sotto H_0 è pari a zero, ovvero $H_0 : \beta_j = 0$. Con questo test, detto test di significatività, si valuta se il regressore X_j inserito nel modello ha un coefficiente significativamente diverso da zero. L'output di molti software statistici presenta il livello di significatività osservato, detto ' p-value', associato alla $H_0 : \beta_j = 0$. Il p-value è la probabilità di osservare, sotto l'H_0, un valore della v.c. T di Student superiore, in modulo, al modulo di quello calcolato sulla base del campione osservato. Ovvero:

$$p\text{-value} = 1 - P(- \mid t_{oss} \mid \, \leq T_{N-p} \leq \mid t_{oss} \mid \text{sotto} \, H_0) = \quad \text{dalla simmetria}$$

$$2 \times P(T_{N-p} \geq \mid t_{oss} \mid \text{sotto} \, H_0) \tag{B.4}$$

dove t_{oss} è il valore della T di Student osservato nel campione.

Si noti che:

1) se il p-value è maggiore di α siamo necessariamente nella zona di non rifiuto di H_0, essendo (1-p-value) inferiore ad α il che implica che t_{oss} cade nell'intervallo di non rifiuto, simmetrico rispetto allo zero $(-t_{\frac{\alpha}{2}, N-p} \, , \; +t_{\frac{\alpha}{2}, N-p})$ che racchiude una probabilità pari a $1 - \alpha$. Analogamente, se il t_{oss} cade in quell'intervallo, il $\hat{\beta}_j$ cade nell'intervallo

$$(-t_{\frac{\alpha}{2}, N-p} \hat{\sigma} \sqrt{v_{jj}} \, , \; +t_{\frac{\alpha}{2}, N-p} \hat{\sigma} \sqrt{v_{jj}})$$

che definisce la zona di non rifiuto del test con $H_0 : \beta_j = 0$. Al contrario, se il p-value è minore di α siamo necessariamente nella zona di rifiuto di H_0;

2) il p-value dà anche una misura della plausibilità sotto H_0 del valore osservato: se questo è piccolo dobbiamo concludere che quanto è osservato è raro sotto H_0.

(b) Verifica dell'ipotesi: $\beta_j = \beta_j^0$ con alternativa unidirezionale a sinistra.

Si vuole sottoporre a test l'ipotesi che $H_0 : \beta = \beta_j^0$ contro un'alternativa $H_1 : \beta_j \leq \beta_j^0$. La statistica test è pertanto:

$$\frac{\hat{\beta}_j - \beta_j^0}{\sqrt{\hat{\sigma}^2 v_{jj}}}$$

che sotto H_0 è distribuita come una T di Student con $N-p$ gradi di libertà. Si rifiuta per valori di $\hat{\beta}_j - \beta_j^0$ piccoli e inferiori a zero. Si fissa pari ad α la probabilità di rifiutare l'ipotesi H_0 quando essa è vera. Si cerca pertanto quel valore c_1 tale che:

$$P\left(\frac{\hat{\beta}_j - \beta_j^0}{\sqrt{\hat{\sigma}^2 v_{jj}}} \leq c_1 \mid \text{sotto } H_0\right) = \alpha$$

da cui:

$$c_1 = -t_{\alpha, N-p}.$$

Ne segue che si rifiuterà per valori di $\hat{\beta}_j \leq \beta_j^0 - t_{\alpha, N-p}\hat{\sigma}\sqrt{v_{jj}}$. Nel caso in cui $\beta_j^0 = 0$ il p-value corrisponde a metà del p-value del test di significatività.

(c) Verifica dell'ipotesi: $\beta_j = \beta_j^0$ con alternativa unidirezionale a destra.

Si lascia per esercizio.

(d) Intervallo di confidenza per β_j.

Una volta fissato il livello di confidenza $(1 - \alpha)$, si cerca quel valore δ tale che:

$$P(\mid \hat{\beta}_j - \beta_j \mid \leq \delta) = 1 - \alpha.$$

Da quanto detto, $\delta = t_{\frac{\alpha}{2}, N-p}\hat{\sigma}\sqrt{v_{jj}}$ e l'intervallo di confidenza ha estremi

$$(\hat{\beta}_j - t_{\frac{\alpha}{2}, N-p}\hat{\sigma}\sqrt{v_{jj}}, \ \hat{\beta}_j + t_{\frac{\alpha}{2}, N-p}\hat{\sigma}\sqrt{v_{jj}}).$$

$\rightarrow$ *Valgono le ipotesi i) $-$ iii) ma non la iv)*. Nel caso in cui non si possa assumere la normalità degli errori si deve ricorrere a risultati asintotici. Si è già visto che la distribuzione dei $\hat{\boldsymbol{\beta}}$ è, nel caso di N grande, bene approssimata da una normale multipla. Sostituendo a σ^2 la stima $\hat{\sigma}^2$, si ottiene la statistica:

$$\frac{\hat{\beta}_j - \beta_j}{\sqrt{\hat{\sigma}^2 v_{jj}}}$$

la cui distribuzione asintotica è ben approssimata da una normale standardizzata. Pertanto, nel caso di N grande la regione di non rifiuto del test d'ipotesi potrà farsi utilizzando gli opportuni quantili della normale anzichè della T di Student. Analogamente, gli estremi dell'intervallo di confidenza saranno formati a partire dai quantili di una distribuzione normale. Tuttavia, spesso, per motivi cautelativi, nella determinazione della regione di non rifiuto o dell'intervallo di confidenza, si continuano ad utilizzare i quantili di una T di Student con $N - p$ gradi di libertà. A parità di α, le grandezze saranno più ampie di quelle calcolate con i quantili della normale.

B.3.2 Inferenza per σ^2

$\rightarrow$ *Valgono le ipotesi i)$-$iv)*. Dal Teorema B.4, $\frac{\hat{\boldsymbol{\varepsilon}}^T \hat{\boldsymbol{\varepsilon}}}{\sigma^2} \sim \chi^2$ con $N-p$ gradi di libertà. Questa distribuzione costituisce la base per ogni inferenza sul parametro σ^2. Trattiamo qui il caso dell'intervallo di confidenza. La regione di non rifiuto del test d'ipotesi per alternativa bidirezionale, unidirezionale a destra e unidirezionale a sinistra si costruisce alla stessa stregua della regione di non rifiuto per analoghi test sulla varianza di una distribuzione normale, l'unica cosa che cambia sono i gradi di libertà della distribuzione χ^2 che determina i quantili di riferimento.

(a) Intervallo di confidenza per σ^2. Una volta scelto il livello di confidenza $(1 - \alpha)$, l'intervallo si costruisce cercando quei valori c_1 e c_2 tali che:

$$P(c_1 \leq \sigma^2 \leq c_2) = 1 - \alpha$$

Ovvero:

$$1 - \alpha = P\left(\frac{1}{c_2} \leq \frac{1}{\sigma^2} \leq \frac{1}{c_1}\right) =$$

$$P\left(\frac{SSE}{c_2} \leq \frac{SSE}{\sigma^2} \leq \frac{SSE}{c_1}\right).$$

Si indichi con $\chi_{\gamma,d}$ il valore tale che $P(\chi_d^2 > \chi_{\gamma,d}) = \gamma$ in cui χ_d^2 è una v.c. χ^2 con d gradi di libertà. La relazione sopra risulta vera se imponiamo che $\frac{SSE}{c_2} = \chi_{1-\frac{\alpha}{2},N-p}$ e $\frac{SSE}{c_1} = \chi_{\frac{\alpha}{2},N-p}$. Gli estremi saranno, pertanto,

$$c_1 = \frac{SSE}{\chi_{\frac{\alpha}{2},N-p}}; \quad c_2 = \frac{SSE}{\chi_{1-\frac{\alpha}{2},\,N-p}}.$$

La scelta dei quantili fatta sopra non è obbligata. Vi sono infatti infiniti intervalli che contengono con probabilità $1 - \alpha$ la v.c. χ^2 di riferimento. Scegliendo i quantili come sopra si ottiene l'intervallo di ampiezza minore a parità di livello di confidenza $(1 - \alpha)$.

$\rightarrow$ *Valgono le ipotesi i) $-$ iii) ma non la iv).* Dalle proprietà degli stimatori discende che per N grande:

$$\hat{\sigma}^2 \sim^a N\left(\sigma^2, \frac{2\sigma^4}{N}\right).$$

B.3.3 Test di adattamento basato sulla distribuzione F di Fisher

Per motivi di parsimonia, spesso è necessario valutare se nel modello sono stati inseriti regressori che non spiegano la variabilità della Y. In questa sezione, si guarda la capacità dei regressori nel loro insieme di catturare la variabilità della v.c. Y. Abbiamo visto che nel caso in cui non valga l'ipotesi iv) una analisi descrittiva può farsi attraverso l'indice R^2. Si suppone qui che la ipotesi iv) valga. Prima di procedere, si noti che:

(a) in un modello con solo l'intercetta:

$$Y_i = \beta_1 + \varepsilon_i$$

il valore atteso di Y non dipende da X, ovvero $E(Y_i \mid \mathbf{x}_i) = \beta_1 = costante$;

(b) la stima $\hat{\beta}_1$ del modello sopra è $\bar{y}$. In tal caso, $SSR = 0$ e $SSE = SST$. Ovvero, SST può essere vista come la devianza dei residui stimati $\hat{\varepsilon}_i$ di un modello con solo l'intercetta.

Guardiamo ora a SST come variabile casuale funzione del vettore dei residui ε. Sia $\mathbf{X}_1$ la matrice dei regressori di un modello con solo l'intercetta. $\mathbf{X}_1$ è costituita da una colonna di 1. Sia $\mathbf{M}_1 = \mathbf{I}_N - \mathbf{X}_1(\mathbf{X}_1^T\mathbf{X}_1)^{-1}\mathbf{X}_1$. In caso di normalità dei residui (si veda l'esercizio B.3):

$$SST = SSE = \varepsilon^T\mathbf{M}_1\varepsilon$$

dove $\mathbf{M}_1$ è una matrice di rango $(N-1)$ essendo $p=1$. Dal Teorema B.4, $\frac{SST}{\sigma^2} \sim \chi^2_{N-1}$.

Si vuole sottoporre a verifica l'ipotesi nulla:

$$H_0 : \beta_2 = \beta_3 = \ldots = \beta_p = 0$$

contro l'ipotesi alternativa:

$$H_1 : \text{esiste almeno un } \beta_j \neq 0 \text{ per } j \in \{2,\ldots,p\}.$$

Se è vera H_0, ovvero $\beta_2 = \beta_3 = \ldots = \beta_p = 0$, i residui ε del modello

$$Y = \beta_1 + \varepsilon$$

coincidono con i residui ε del modello

$$Y = \mathbf{X}\beta + \varepsilon$$

Supponiamo ora di avere un campione estratto sotto H_0 e di avere stimato il modello con $p>1$ regressori. Avremo che SSR calcolata nel modello così specificato deve soddisfare la seguente relazione:

$$SSR = SST - SSE = \varepsilon^T \mathbf{M}_1 \varepsilon - \varepsilon^T \mathbf{M} \varepsilon = \varepsilon^T (\mathbf{M}_1 - \mathbf{M})\varepsilon.$$

La grandezza tenderà ad avere valori molto piccoli sotto l'ipotesi nulla. Essendo $(\mathbf{M}_1 - \mathbf{M})$ simmetrica e idempotente di rango $(N-1)-(N-p)$, dal Teorema B.4, possiamo concludere che

$$\frac{SSR}{\sigma^2} \sim \chi^2_{p-1}.$$

Si può inoltre dimostrare che, se è vera l'H_0, SSR è indipendente da SSE. Una statistica test sarà pertanto la seguente:

$$\frac{\dfrac{SSR}{\sigma^2(p-1)}}{\dfrac{SSE}{\sigma^2(N-p)}}$$

che si distribuisce sotto H_0 come una F di Fisher con $(p-1)$ e $(N-p)$ gradi di libertà. Si noti che tale grandezza assume valori sempre positivi. Sotto H_0 il numeratore tende ad assumere valori vicini allo zero, mentre sotto l'H_1 tende ad assumere valori positivi lontani dallo zero. Si rifiuta pertanto per valori positivi sufficientemente grandi. Fissato pari ad α la probabilità di rifiutare H_0 quando è vera, si determina il valore c tale che:

$$P(F_{(p-1),(N-p)} \geq c \mid \text{sotto } H_0) = \alpha.$$

Pertanto, c sarà il valore che lascia a destra un'area pari ad α di detta distribuzione, ovvero il quantile $(1-\alpha)$-esimo di una F di Fisher con $(p-1)$ e $(N-p)$ gradi di libertà.

L'output di molti software statistici presenta il p-value associato a questo test. Ovvero, sia f_{oss} il valore di F calcolato sulla base del campione, il p-value è la seguente probabilità:

$$P(F_{(p-1),(N-p)} \geq f_{oss} \mid \text{sotto} H_0).$$

Si verifica, attraverso alcuni semplici passaggi, che la relazione fra f_{oss} e R^2 è la seguente:

$$f_{oss} = \frac{\frac{R^2}{p-1}}{\frac{(1-R^2)}{N-p}}$$

da cui, coerentemente con quanto detto, si tenderà a rifiutare H_0 per valori grandi di R^2.

B.4 Problemi

B.1. Si definisca $\mathbf{P} = \mathbf{X}(\boldsymbol{X}^T\boldsymbol{X})^{-1}\mathbf{X}^T$. Si dimostri che $\mathbf{P}$ è una matrice simmetrica $(\mathbf{P}^T = \mathbf{P})$ e idempotente, ovvero $\mathbf{PP} = \mathbf{P}$. Inoltre, sia $\mathbf{M} = \mathbf{I}_N - \mathbf{X}(\boldsymbol{X}^T\boldsymbol{X})^{-1}\mathbf{X}^T$. Si dimostri che $\mathbf{M}$ è anch'essa una matrice simmetrica e idempotente.

B.2. Si verifichi $\mathbf{MX} = \mathbf{0}$.

B.3. Si dimostri che $\hat{\boldsymbol{\varepsilon}} = \mathbf{M}\boldsymbol{\varepsilon}$.

B.4. Si verifichi che il rango di $\mathbf{M}$ è pari a $N-p$.

B.5. Si dimostri che $E(\hat{\sigma}^2) = E[SSE/(N-p)] = \sigma^2$.

B.6. Si verifichi che le stime di massima verosimiglianza nel caso di residui distribuiti normalmente sono quelle presentate nel paragrafo 3.5.

Appendice C

La stima dei parametri della distribuzione normale

C.1 La stima di massima verosimiglianza

In questo paragrafo si descrive la stima di massima verosimiglianza del valore atteso e della matrice delle varianze e delle covarianze della distribuzione normale multipla di dimensione p. Si assume di avere un campione casuale di N osservazioni indipendenti $\mathbf{x}_i$ estratte da $(X_1, \ldots, X_p)$. Sia $L_i = \log\phi(\mathbf{x}_i, \boldsymbol{\mu}, \boldsymbol{\Sigma})$, con $\phi(\cdot; \boldsymbol{\mu}, \boldsymbol{\Sigma})$ la funzione di densità di una normale multipla di parametri $\boldsymbol{\mu}$ e $\boldsymbol{\Sigma}$. La funzione di log-verosimiglianza del campione può scriversi:

$$L(\boldsymbol{\mu}, \boldsymbol{\Sigma}) = \sum_i L_i = -\tfrac{Np}{2}\log 2\pi - \tfrac{N}{2}\log \mid \boldsymbol{\Sigma} \mid -$$

$$-\tfrac{1}{2}\sum_i (\mathbf{x}_i - \boldsymbol{\mu})^T \boldsymbol{\Sigma}^{-1}(\mathbf{x}_i - \boldsymbol{\mu}).$$

Si indichi con $\bar{\mathbf{x}}$ il vettore delle medie campionarie di espressione

$$\bar{\mathbf{x}} = \frac{1}{N}\sum_{i=1}^{N}\mathbf{x}_i$$

e con $\hat{\boldsymbol{\Sigma}}$ la matrice delle varianze e delle covarianze campionaria, di espressione

$$\hat{\boldsymbol{\Sigma}} = \frac{1}{N}\sum_{i=1}^{N}(\mathbf{x}_i - \bar{\mathbf{x}})(\mathbf{x}_i - \bar{\mathbf{x}})^T.$$

Si noti che $\sum_i(\mathbf{x}_i - \bar{\mathbf{x}})^T \boldsymbol{\Sigma}^{-1}(\bar{\mathbf{x}} - \boldsymbol{\mu}) = 0$. Infatti, essendo $\boldsymbol{\Sigma}^{-1}(\bar{\mathbf{x}} - \boldsymbol{\mu})$ costante rispetto all'indice della sommatoria, l'espressione sopra si può riscrivere come $[\sum_i(\mathbf{x}_i - \bar{\mathbf{x}})^T]\boldsymbol{\Sigma}^{-1}(\bar{\mathbf{x}} - \boldsymbol{\mu})$, ed essendo $\sum_i(\mathbf{x}_i - \bar{\mathbf{x}}) = \sum_i \mathbf{x}_i - N\bar{\mathbf{x}} = 0$,

Stanghellini E.: Introduzione ai metodi statistici per il credit scoring.
© Springer-Verlag Italia 2009, Milano

il risultato segue. Pertanto,

$$\sum_i (\mathbf{x}_i - \boldsymbol{\mu})^T \boldsymbol{\Sigma}^{-1}(\mathbf{x}_i - \boldsymbol{\mu}) = \sum_i (\mathbf{x}_i - \bar{\mathbf{x}})^T \boldsymbol{\Sigma}^{-1}(\mathbf{x}_i - \bar{\mathbf{x}})$$

$$+ N(\bar{\mathbf{x}} - \boldsymbol{\mu})^T \boldsymbol{\Sigma}^{-1}(\bar{\mathbf{x}} - \boldsymbol{\mu}).$$

Inoltre

$$\sum_i (\mathbf{x}_i - \bar{\mathbf{x}})^T \boldsymbol{\Sigma}^{-1}(\mathbf{x}_i - \bar{\mathbf{x}}) = \sum_i \mathrm{tr}\left[(\mathbf{x}_i - \bar{\mathbf{x}})^T \boldsymbol{\Sigma}^{-1}(\mathbf{x}_i - \bar{\mathbf{x}})\right] =$$

$$\sum_i \mathrm{tr}\left[\boldsymbol{\Sigma}^{-1}(\mathbf{x}_i - \bar{\mathbf{x}})(\mathbf{x}_i - \bar{\mathbf{x}})^T\right] = N\mathrm{tr}(\boldsymbol{\Sigma}^{-1}\hat{\boldsymbol{\Sigma}})$$

e, analogamente,

$$(\bar{\mathbf{x}} - \boldsymbol{\mu})^T \boldsymbol{\Sigma}^{-1}(\bar{\mathbf{x}} - \boldsymbol{\mu}) = \mathrm{tr}\left[\boldsymbol{\Sigma}^{-1}(\bar{\mathbf{x}} - \boldsymbol{\mu})(\bar{\mathbf{x}} - \boldsymbol{\mu})^T\right].$$

Di conseguenza,

$$L(\boldsymbol{\mu}, \boldsymbol{\Sigma}) = -\tfrac{Np}{2}\log 2\pi - \tfrac{N}{2}\log|\boldsymbol{\Sigma}| - \tfrac{N}{2}\mathrm{tr}\left[\boldsymbol{\Sigma}^{-1}(\bar{\mathbf{x}} - \boldsymbol{\mu})(\bar{\mathbf{x}} - \boldsymbol{\mu})^T\right]$$

$$-\tfrac{N}{2}\mathrm{tr}(\boldsymbol{\Sigma}^{-1}\hat{\boldsymbol{\Sigma}}). \tag{C.1}$$

Le stime di massima verosimiglianza si ottengono uguagliando a zero il sistema delle derivate parziali di $L(\boldsymbol{\mu}, \boldsymbol{\Sigma})$ rispetto agli elementi in $\boldsymbol{\mu}$ e in $\boldsymbol{\Sigma}$ e verificando che il punto trovato sia un massimo. Per fare questo occorrono i seguenti risultati sulla differenziazione di matrici (si veda Mardia, Kent, e Bibby, 1979, Appendice A):

$$\frac{\partial \mathrm{tr}\boldsymbol{\Sigma}^{-1}(\bar{\mathbf{x}} - \boldsymbol{\mu})(\bar{\mathbf{x}} - \boldsymbol{\mu})^T}{\partial \boldsymbol{\mu}} = N\boldsymbol{\Sigma}^{-1}(\bar{\mathbf{x}} - \boldsymbol{\mu}), \quad \frac{\partial \log|\boldsymbol{\Sigma}|}{\partial \sigma_{jl}} = (2 - \delta_{jl})\sigma^{jl}$$

in cui δ_{jl} è il delta di Kronecker, che è uguale a 1 se $j = l$ e 0 altrimenti. Inoltre, essendo $\boldsymbol{\Sigma}\boldsymbol{\Sigma}^{-1} = \mathbf{I}_p$, si ottiene dalla differenziazione parziale,

$$\boldsymbol{\Sigma}\frac{\partial(\boldsymbol{\Sigma}^{-1})}{\partial \sigma_{jl}} + \frac{\partial \boldsymbol{\Sigma}}{\partial \sigma_{jl}}\boldsymbol{\Sigma}^{-1} = 0$$

da cui:

$$\frac{\partial(\boldsymbol{\Sigma}^{-1})}{\partial \sigma_{jl}} = -\boldsymbol{\Sigma}^{-1}\frac{\partial \boldsymbol{\Sigma}}{\partial \sigma_{jl}}\boldsymbol{\Sigma}^{-1}.$$

Si può allora verificare che da $\partial L/\partial \boldsymbol{\mu} = 0$ si ottiene:

$$\boldsymbol{\Sigma}^{-1}(\bar{\mathbf{x}} - \boldsymbol{\mu}) = 0$$

da cui segue che, nel punto di stazionarietà, $\hat{\boldsymbol{\mu}} = \bar{\mathbf{x}}$. Inoltre da $\partial L / \partial \sigma_{jl} = 0$ si ottiene, utilizzando i risultati precedenti:

$$\frac{-N}{2}(2 - \delta_{jl})\sigma^{jl} + \frac{N}{2}\mathrm{tr}\left(\boldsymbol{\Sigma}^{-1}\frac{\partial\boldsymbol{\Sigma}}{\partial\sigma_{jl}}\boldsymbol{\Sigma}^{-1}\hat{\boldsymbol{\Sigma}}\right) = 0$$

da cui:

$$\sigma^{jl} = \frac{1}{(2 - \delta_{jl})}\mathrm{tr}\left(\frac{\partial\boldsymbol{\Sigma}}{\partial\sigma_{jl}}\boldsymbol{\Sigma}^{-1}\hat{\boldsymbol{\Sigma}}\boldsymbol{\Sigma}^{-1}\right).$$

Si noti ora che $\partial\boldsymbol{\Sigma}/\partial\sigma_{jl}$ è una matrice così determinata: se $j \neq l$, ha tutti gli elementi nulli tranne gli elementi (j, l) e (l, j), che sono pari ad 1; $j = l$ ha tutti gli elementi nulli tranne il j-esimo elemento della diagonale, anch'esso pari ad 1. Indicando con a_{jl} l'elemento (j, l)-esimo della matrice prodotto $\boldsymbol{\Sigma}^{-1}\hat{\boldsymbol{\Sigma}}\boldsymbol{\Sigma}^{-1}$, l'espressione precedente si semplifica in:

$$\sigma^{jl} = a_{jl}.$$

Esprimendo questo risultato in forma matriciale avremo, dopo alcune semplificazioni:

$$\boldsymbol{\Sigma} = \hat{\boldsymbol{\Sigma}}$$

da cui segue che la funzione di log-verosimiglianza ha un punto di stazionarietà in $\boldsymbol{\mu} = \bar{\mathbf{x}}$ e $\boldsymbol{\Sigma} = \hat{\boldsymbol{\Sigma}}$.

Occorre verificare che il valore così determinato è un punto di massimo. Ponendo $\hat{\boldsymbol{\mu}} = \bar{\mathbf{x}}$ e $\boldsymbol{\Sigma} = \hat{\boldsymbol{\Sigma}}$ in (C.1), si ha che $L(\hat{\boldsymbol{\mu}}, \hat{\boldsymbol{\Sigma}}) - L(\boldsymbol{\mu}, \boldsymbol{\Sigma})$ è pari a

$$\frac{N}{2}[\log\mid\hat{\boldsymbol{\Sigma}}\mid^{-1} - p + \log\mid\boldsymbol{\Sigma}\mid + \mathrm{tr}\,\boldsymbol{\Sigma}^{-1}\hat{\boldsymbol{\Sigma}} + \mathrm{tr}\,\boldsymbol{\Sigma}^{-1}(\bar{\mathbf{x}} - \boldsymbol{\mu})(\bar{\mathbf{x}} - \boldsymbol{\mu})^T] \geq$$
$$\frac{N}{2}(-\log\mid\hat{\boldsymbol{\Sigma}}^{-1}\boldsymbol{\Sigma}\mid - p + \mathrm{tr}\,\boldsymbol{\Sigma}^{-1}\hat{\boldsymbol{\Sigma}}).$$

La disuguaglianza segue dal fatto che $\mathrm{tr}\,[\boldsymbol{\Sigma}^{-1}(\bar{\mathbf{x}} - \boldsymbol{\mu})(\bar{\mathbf{x}} - \boldsymbol{\mu})^T] = \mathrm{tr}\,[(\bar{\mathbf{x}} - \boldsymbol{\mu})^T\boldsymbol{\Sigma}^{-1}(\bar{\mathbf{x}} - \boldsymbol{\mu})^T]$ è positiva. Siano $\lambda_1, \ldots \lambda_p$ gli autovalori della matrice $\hat{\boldsymbol{\Sigma}}^{-1}\boldsymbol{\Sigma}$. Allora $L(\hat{\boldsymbol{\mu}}, \hat{\boldsymbol{\Sigma}}) - L(\boldsymbol{\mu}, \boldsymbol{\Sigma})$ è pari a

$$\frac{N}{2}\left(-\log\prod_r\lambda_r - p + \sum_r\lambda_r\right) = \frac{N}{2}\sum_r(-\log\lambda_r - 1 + \lambda_r).$$

Dato che per ogni numero non negativo γ, $\gamma \leq \exp(\gamma - 1)$, allora

$$-\log\gamma - 1 + \gamma \geq 0.$$

Applicando questo risultato alla espressione precedente, si deduce che $L(\hat{\boldsymbol{\mu}}, \hat{\boldsymbol{\Sigma}}) \geq L(\boldsymbol{\mu}, \boldsymbol{\Sigma})$ per ogni valore di $\boldsymbol{\mu}$ e $\boldsymbol{\Sigma}$. Questa dimostrazione è dovuta a Watson (1964).

Le stime di massima verosimiglianza di $\boldsymbol{\mu}$ e $\boldsymbol{\Sigma}$ sono pertanto $\bar{\mathbf{x}}$ e $\hat{\boldsymbol{\Sigma}}$. Una giustificazione intuitiva del risultato si può trovare notando che, nel caso in cui $\boldsymbol{\Sigma}$ sia nota, massimizzare la funzione di log-verosimiglianza rispetto ai parametri coincide con minimizzare i termini negativi che compaiono nell'espressione (C.1). Essendo $\boldsymbol{\Sigma}$ definita positiva, anche la sua inversa è definita positiva, per cui il termine $N(\bar{\mathbf{x}} - \boldsymbol{\mu})^T \boldsymbol{\Sigma}^{-1}(\bar{\mathbf{x}} - \boldsymbol{\mu})$ è minimo se $\bar{\mathbf{x}} = \boldsymbol{\mu}$.

Si noti che $\bar{\mathbf{x}}$ e $\hat{\boldsymbol{\Sigma}}$ possono essere viste come funzioni delle variabili casuali $\mathbf{X}$, e pertanto come variabili casuale esse stesse. In particolare, essendo $\hat{\boldsymbol{\Sigma}}$ uno stimatore distorto di $\boldsymbol{\Sigma}$ (si veda Mardia et al., 1979, cap. 3), si preferisce utilizzare al suo posto la stima corretta:

$$\mathbf{V} = \frac{N\hat{\boldsymbol{\Sigma}}}{N-1} = \frac{1}{N-1} \sum_{i=1}^{N} (\mathbf{x}_i - \bar{\mathbf{x}})(\mathbf{x}_i - \bar{\mathbf{x}})^T.$$

C.2 La matrice delle varianze e delle covarianze *pooled*

Sia X un vettore di p variabili casuali con distribuzione congiuntamente gaussiana. Si assume $X \sim N_p(\mu_0, \boldsymbol{\Sigma}_0)$ se X proviene da P_0 e $X \sim N_p(\mu_1, \boldsymbol{\Sigma}_1)$ se X proviene da P_1. Si ponga $\boldsymbol{\Sigma}_0 = \boldsymbol{\Sigma}_1 = \boldsymbol{\Sigma}$. Si suppone di avere un campione casuale composto di n_0 osservazioni provenienti da P_0 e di n_1 osservazioni provenienti da P_1. Si indichi con $\mathbf{x}_{0i}$ la generica osservazione proveniente da P_0 e con $\mathbf{x}_{1i}$ la generica osservazione proveniente da P_1. La funzione di log-verosimiglianza del campione può così scriversi:

$$L(\boldsymbol{\mu}_0, \boldsymbol{\mu}_1, \boldsymbol{\Sigma}) = \sum_{i=1}^{n_0} \log \phi(\mathbf{x}_{0i}; \boldsymbol{\mu}_0, \boldsymbol{\Sigma}) + \sum_{i=1}^{n_1} \log \phi(\mathbf{x}_{1i}; \boldsymbol{\mu}_1, \boldsymbol{\Sigma}).$$

Si verifica agevolmente che le stima di massima verosimiglianza di $\boldsymbol{\mu}_r$ è $\bar{\mathbf{x}}_r$, $r \in \{0, 1\}$. Di conseguenza, indicando con $n = n_0 + n_1$, la stima di $\boldsymbol{\Sigma}$ è il valore che rende massima la funzione:

$$-\frac{np}{2} \log 2\pi - \frac{n}{2} \log |\boldsymbol{\Sigma}| - \frac{1}{2} \mathrm{tr}(\boldsymbol{\Sigma}^{-1}\mathbf{W})$$

con $\mathbf{W}$ data dalla seguente espressione:

$$\mathbf{W} = \left[\sum_{i=1}^{n_0}(\mathbf{x}_{0i} - \bar{\mathbf{x}}_0)(\mathbf{x}_{0i} - \bar{\mathbf{x}}_0)^T + \sum_{i=1}^{n_1}(\mathbf{x}_{1i} - \bar{\mathbf{x}}_1)(\mathbf{x}_{1i} - \bar{\mathbf{x}}_1)^T\right]. \qquad (C.2)$$

Attraverso derivazioni analoghe alle precedenti, si dimostra che la stima di massima verosimiglianza di $\boldsymbol{\Sigma}$ è $n^{-1}\mathbf{W}$. Tuttavia, essendo questo uno stimatore distorto, si preferisce utilizzare al suo posto la matrice $\mathbf{S}$ delle varianze e delle covarianze pooled, data dalla espressione (4.3), che è una stima corretta.

Appendice D

Istruzioni in R

D.1 Istruzioni per l'analisi mediante modello logistico

D.1.1 Analisi sul campione di sviluppo

1. Istruzioni di lettura
```
sviluppo=read.table(C:\\sviluppo.txt, header=T)
attach(sviluppo)
```

2. Formazione della tabella di contingenza
```
tabella<-table(flag,T9712,credlim,rescode,statciv,figli,
                                            reddito,eta)
```

3. Dichiarazione della natura categoriale
```
etaf<-factor(eta)
redditof<-factor(reddito)
figlif<-factor(figli)
rescodef<-factor(rescode)
statcivf<-factor(statciv)
credlimf<-factor(credlim)
T9712f<-factor(T9712)
```

4. Analisi dell'effetto marginale di T9712
```
♯ stampa della tabella a doppia entrata della flag vs T9712
table(flag,T9712)
♯ stima del modello logistico con solo l'intercetta
modinter<-glm(flag~1,family=binomial)
♯ stima del modello logistico semplice con esplicativa T9712
modT9712<-glm(flag~T9712f,family=binomial)
♯ test del rapporto delle verosimiglianze fra i due modelli
anova(modinter,modT9712,test='Chi') 4
```

5. Analisi dell'effetto marginale del reddito

   ...

6. Modello di base e selezione backward
```
♯ modello di base
modbase<-glm(flag~etaf*(redditof+figlif+rescodef+statcivf
+credlimf+T9712f)+redditof*(figlif+rescodef+statcivf
+credlimf+T9712f)+figlif*(rescodef+statcivf
+credlimf+T9712f)+rescodef*(statcivf+fcredlimf+T9712f)
+statcivf*(credlimf+T9712f)+credlimf*T9712f,family=binomial)
♯ libreria MASS
library(MASS)
♯ selezione backward con criterio AIC
modfinale<-stepAIC(modbase,direction='backward',test='Chisq')
```

7. Lo score nelle unità del campione di sviluppo
```
scorebuoni<-modfinale§linear.predictors[flag==1]
scorecattivi<-modfinale§linear.predictors[flag==0]
```

D.1.2 Analisi sul campione di convalida

1. Istruzioni di lettura
```
validazione=read.table(C:\\validazione.txt,header=T)
```

2. Creazione delle dummies
```
Deta2=validazione§eta==2
Deta3=validazione§eta==3
Dred2=validazione§reddito==2
Dred3=validazione§reddito==3
Dfigli=validazione§figli==2
Drescode=validazione§rescode
Dstatciv=validazione§statciv==2
Dcredlim=validazione§credlim==2
DT9712<-validazione§T9712
```

3. Matrice del disegno
```
Matdis<-cbind(rep(1,4000),Deta2,Deta3,Dred2,Dred3,Dfigli,
Drescode,Dstatciv, Dcredlim,DT9712, Deta2*Drescode,
Deta3*Drescode,Dred2*Dcredlim,Dred3*Dcredlim,
Dfigli*Drescode,Drescode*Dstatciv,
```

```
Drescode*Dcredlim,Dstatciv*Dcredlim,Dcredlim*DT9712)
Matdis<-as.matrix(Matdis)
```

4. Calcolo dello score e della probabilità stimata di successo
```
parametri<-matrix(modfinale§coefficients,19,1)
scorev<-Matdis%*%parametri
probstim=exp(scorev)/(1+exp(scorev))
probbuoni<-probstim[validazione§flag==1]
probcattivi<-probstim[validazione§flag==0]
```

5. Calcolo dell'indice I_{ROC} sul campione di validazione
```
n1<-length(probbuoni)
n0<-length(probcattivi)
a<-matrix(rep(0,n1*n0),n1,n0)
for (i in 1:n0)
{a[,i]<-probbuoni-probcattivi[i]}
Area<-(sum(a>0)+0.5*sum(a==0))/(n0*n1)
Iroc=2*(Area-0.5)
```

D.2 Istruzioni per l'analisi discriminante

1. Istruzioni di lettura
```
dati=read.table(C:\\datilda.txt, header=T)
attach(dati)
```

2. Istruzioni grafiche
```
♯ scatter plot
pairs(dati[,1:4], pch = c(1, 19)[Flag+1])
♯ box plot
boxplot(AC.AT~Flag)
```

3. Analisi univariata indicatore AC.DT
```
a<-AC.DT
buone<-a[Flag==1]
cattive<-a[Flag==0]
mean1<-mean(buone)
mean0<-mean(cattive)
n1<-sum(Flag==1)
n0<-sum(Flag==0)
n=n0+n1
S<-((n1-1)*var(buone)+(n0-1)*var(cattive))/(n-2)
```

```
♯ Calcolo della statistica T di Student e relativo p-value
t<-(mean1-mean0)/(sqrt(S*(1/n0+1/n1)))
pv<-2*(1-pt(abs(t),n-2))
```

4. Analisi univariata indicatore DT.AT
   ...

5. Test F di Fisher
```
a<-dati[,c(2,3,5)]
buone<-a[Flag==1,]
cattive<-a[Flag==0,]
mean0<-mean(buone)
mean1<-mean(cattive)
p<-length(mean1)
S<-((n1-1)*var(buone)+(n0-1)*var(cattive))/(n-2)
mat<-matrix((mean1-mean0),p,1)
Dq=t(mat)%*%solve(S)%*%(mat)
Tq<-Dq*(n0*n1)/n
F<-(n-p-1)*Tq/((n-2)*p)
pv<-1-pf(F,p,(n-p-1))
```

6. Analisi discriminante lineare
```
analisi.lda<-lda(Flag∼DT.AT+RI.AT+FCR.PTP)
♯ per vedere lo score e la Flag stimata
post<-predict(analisi.lda)
Flagstimata<-post§class
score<-post§x
♯ lo score è riscalato
table(Flag,Flagstimata)
♯ tabella di confusione con l-o-o
lda.loo<-lda(Flag DT.AT+RI.AT+FCR.PTP,CV=TRUE)
table(Flag,lda.loo§class)
```

7. Grafico delle distribuzioni rispetto allo score
```
plot(analisi.lda,type=density,dimen=1,xlab='score')
```

Appendice E

Sigle e simboli

In linea con la notazione anglosassone, adottata anche in molti software statistici, in questo lavoro si usa come separatore decimale il punto anziché, come è consuetudine nella letteratura italiana, la virgola. Inoltre, si utilizzano le seguenti abbreviazioni:

cpr	rapporto dei prodotti incrociati
g.d.l.	gradi di libertà
$\text{logit}(\cdot)$	logaritmo dell'odds di un evento
$\text{odds}(\cdot)$	odds di un evento
v.c.	variabile casuale o variabili casuali
$\lvert \cdot \rvert$	determinante di una matrice
$E(\cdot)$	valore atteso di una variabile casuale
$Var(\cdot)$	varianza di una variabile casuale
$\mathbf{I}_p$	matrice di identità di ordine p
$\text{rango}(\cdot)$	rango di una matrice
$\text{tr}(\cdot)$	traccia di una matrice

La lettura dei paragrafi contrassegnati dall'asterisco può essere omessa senza compromettere la comprensione delle parti rimanenti del libro.

Stanghellini E.: Introduzione ai metodi statistici per il credit scoring.
© Springer-Verlag Italia 2009, Milano

Soluzioni

Capitolo 1

1.1 (a) essendo $s(x) = 1.18 > 0.2$, l'unità appartiene ad A_1;

(b) $P(Y = 1 \mid x) = 0.765$;

(c) il valore corrisponde a $x = 0.0834$ e $P(Y = 1 \mid 0.0834) = 0.550$.

1.2 (a) Dal momento che $P(Y = 1) = P(Y = 0)$, dalla (1.9), $s(x) = \log \frac{f_1(x)}{f_0(x)}$. Inoltre, essendo σ^2 uguale nelle due popolazioni P_0 e P_1, avremo $\log \frac{f_1(x)}{f_0(x)} = \frac{1}{2\sigma^2}[(x - \mu_0)^2 - (x - \mu_1)^2]$ e il risultato segue, dopo alcuni semplici passaggi;

(b) la disuguaglianza che definisce A_1 in (1.5) è soddisfatta se e solo se $x > \frac{1}{2}(\mu_0 + \mu_1)$. Pertanto, ponendo $k = \frac{1}{2}(\mu_0 + \mu_1)$ avremo $p(0 \mid 1) = \Phi\left(\frac{k - \mu_1}{\sigma}\right)$ e $p(1 \mid 0) = 1 - \Phi\left(\frac{k - \mu_0}{\sigma}\right)$ in cui $\Phi(\cdot)$ è la funzione di ripartizione di una normale standardizzata.

1.3 (a) Essendo $f_1(63) = 0.223$ e $f_0(63) = 0.150$ avremo $s(x) = 1.244$. Inoltre, $\log c = -1.540$. L'impresa viene assegnata a P_1 ed è pertanto ammessa al finanziamento;

(b) essendo $f(x) = 0.223 \times 0.7 + 0.150 \times 0.3 = 0.201$ la probabilità a posteriori che tale impresa sia solvibile è 0.777. Pertanto, l'informazione sull'indicatore di bilancio modifica in positivo la probabilità a priori che l'impresa sia solvibile, che è pari a 0.7.

1.4 Si indichi con x la $F(s \mid Y = 0)$ in entrambi i grafici. I due indici possono essere scritti nel modo seguente:

$$I_{ROC} = \frac{\int_0^1 F(s \mid Y = 1) dF(s \mid Y = 0) - 1/2}{1/2}$$

Stanghellini E.: Introduzione ai metodi statistici per il credit scoring.
© Springer-Verlag Italia 2009, Milano

e

$$I_{CAP} = \frac{\int_0^1 [F(s \mid Y = 1)P(Y = 1) + F(s \mid Y = 0)P(Y = 0)]dF(s \mid Y = 0) - 1/2}{[P(Y = 1)]/2}.$$

Notando che $\int_0^1 F(s \mid Y = 0)dF(s \mid Y = 0) = 1/2$, si verifica agevolmente che differenza $I_{ROC} - I_{CAP}$ si annulla.

1.5 Per ogni scelta s della soglia avremo $F(s \mid Y = 0) = F(s \mid Y = 1) = \Phi(\frac{s-\mu}{\sigma})$ e, pertanto, la curva ROC coincide con la bisettrice del primo quadrante.

Capitolo 2

2.1 Se A e B sono indipendenti, allora $P(A \cap B) = P(A)P(B)$. Essendo $A = (A \cap \bar{B}) \cup (A \cap B)$ con $A \cap \bar{B}$ e $A \cap B$ incompatibili, avremo $P(A) = P(A \cap \bar{B}) + P(A \cap B) = P(A \cap \bar{B}) + P(A)P(B)$. Pertanto, $P(A \cap \bar{B}) = P(A)[1 - P(B)]$ e il risultato segue.

2.2 La dimostrazione viene fatta nel continuo. Se $X_1 \perp\!\!\!\perp X_2 \mid X_3$ allora $g_{13}(x_1, x_3) = f_{13}(x_1, x_3)$ e $h_{23}(x_2, x_3) = f_{23}(x_2, x_3)/f_3(x_3)$.

Viceversa, se $f_{123}(x_1, x_2, x_3) = g_{13}(x_1, x_3)h_{23}(x_2, x_3)$ allora

$$f_{12|3}(x_1, x_2 \mid x_3) = f_{1|3}(x_1 \mid x_3)f_{2|3}(x_2 \mid x_3)$$

per ogni x_3 t.c. $f_3(x_3) > 0$. Infatti,

$$f_{12|3}(x_1 x_2 \mid x_3) = g_{13}(x_1, x_3)h_{23}(x_2, x_3)/f_3(x_3). \quad (*)$$

Di conseguenza,

$$f_{1|3}(x_1 \mid x_3) = \int f_{12|3}(x_1 x_2 \mid x_3)dx_2 = \frac{g_{13}(x_1, x_3)}{f_3(x_3)} \int h_{23}(x_2, x_3)dx_2$$

e anche

$$f_{2|3}(x_2 \mid x_3) = \int f_{12|3}(x_1 x_2 \mid x_3)dx_1 = \frac{h_{23}(x_2, x_3)}{f_3(x_3)} \int g_{13}(x_1, x_3)dx_1.$$

Pertanto,

$$f_{1|3}(x_1 \mid x_3)f_{2|3}(x_2 \mid x_3) = \frac{g_{13}(x_1, x_3)h_{23}(x_2, x_3)}{f^2(x_3)} \left[\int g_{13}(x_1, x_3)dx_1 \int h_{23}(x_2, x_3)dx_2\right].$$

Notando che

$$\int g_{13}(x_1, x_3)dx_1 \int h_{23}(x_2, x_3)dx_2 = \int \int g_{13}(x_1, x_3)h_{23}(x_2, x_3)dx_1dx_2$$

e utilizzando la $(*)$,

$$\int g_{13}(x_1, x_3)dx_1 \int h_{23}(x_2, x_3)dx_2 = \int f_{123}(x_1, x_2, x_3)dx_1dx_2 = f_3(x_3)$$

da cui:

$$\frac{g_{13}(x_1, x_3)h_{23}(x_2, x_3)}{f(x_3)} = f_{1|3}(x_1 \mid x_3)f_{2|3}(x_2 \mid x_3) = \frac{f_{123}(x_1, x_2, x_3)}{f_3(x_3)}$$

e il risultato segue.

2.3 Si scriva la funzione di densità congiunta nel seguente modo:

$$f(\mathbf{x}) = \exp\{\gamma + \boldsymbol{\mu}^T \boldsymbol{\Sigma}^{-1}x - \frac{1}{2}\sum_r \sum_c \sigma^{rc}x_r x_c\}$$

in cui $\gamma = -\frac{1}{2}\log \mid \boldsymbol{\Sigma} \mid -\frac{p}{2}\log(2\pi) - \frac{1}{2}\boldsymbol{\mu}^T \boldsymbol{\Sigma}^{-1}\boldsymbol{\mu}$. Dal criterio di fattorizzazione, se $\sigma^{jl} = 0$ allora $X_j \perp\!\!\!\perp X_l \mid X_{\text{resto}}$ e viceversa. La seconda parte si dimostra analogamente, dopo avere notato che la distribuzione marginale di X_j e X_l è normale (si veda Mardia, Kent e Bibby, 1979, cap 3).

2.4 Sia X_1' la v.c. binaria che vale 1 se $X_1 = 0$. Si verifica agevomente che $\text{cpr}(X_1', X_2) = 1/\text{cpr}(X_1, X_2)$.

2.5 Siano X_1, X_2 e X_3 tre v.c. binarie tali che: $X_1 = 1$ se la variabile casuale Solvibilità assume valore 'B' e $X_1 = 0$ altrimenti; con $X_2 = 1$ se la v.c. Stato Civile assume valore '2' e $X_2 = 0$ altrimenti; $X_3 = 1$ se la v.c. Proprietà assume valore '1' e $X_3 = 0$ altrimenti. Avremo:

$$\frac{\text{cpr}(X_1, X_2 | X_3 = 1)}{\text{cpr}(X_1, X_2 | X_3 = 0)} = 4.$$

Si noti che questa è una misura simmetrica di interazione tripla.

2.6 Se $X_1 \perp\!\!\!\perp X_2 \mid X_3$ allora :

$$p_{12|3}(x_1, x_2 \mid x_3) = p_{1|3}(x_1 \mid x_3)p_{2|3}(x_2 \mid x_3)$$

per ogni $x_3 \in \{0, 1\}$. Pertanto:

$$\frac{p_{12|3}(1,1 \mid x_3)p_{12|x_3}(0,0 \mid x_3)}{p_{12|3}(0,1 \mid x_3)p_{12|3}(1,0 \mid x_3)} = \frac{p_{1|3}(1 \mid x_3)p_{2|3}(1 \mid x_3)p_{1|3}(0 \mid x_3)p_{2|3}(0 \mid x_3)}{p_{1|3}(0 \mid x_3)p_{2|3}(1 \mid x_3)p_{1|3}(1 \mid x_3)p_{2|3}(0 \mid x_3)} = 1.$$

Viceversa, se $\mathrm{cpr}(X_1, X_2 \mid X_3 = x_3) = 1$ per ogni $x_3 \in \{0, 1\}$, per i teoremi precedenti in ogni tabella di X_1 e X_2 condizionata a X_3, $p_{12|3}(x_1, x_2 \mid x_3) = p_{1|3}(x_1 \mid x_3)p_{2|3}(x_2 \mid x_3)$ e il risultato segue.

Capitolo 3

3.1 Si costruisca $\boldsymbol{\eta}$ come nell'esempio 3.2. In tal caso $\boldsymbol{\beta}^T = (\alpha, \beta)$ e la matrice $\mathbf{X}$ ha la seguente espressione:

$$\mathbf{X} = \begin{pmatrix} 1 & 0 \\ 1 & 1 \\ 1 & 1 \end{pmatrix}.$$

3.2 Dal momento che $\log(1/a) = -\log a$, il vettore dei parametri del primo modello sarà l'opposto del vettore dei parametri del secondo.

3.3 Dal momento che $\log \beta = \mathrm{cpr}(X, Y)$, essendo questa una misura non direzionale di associazione avremo $\beta = \beta'$.

3.4 (*a*) Segue dalla struttura della matrice $\mathbf{X}$ (si veda l'esempio 3.2 nel caso di $I = 3$). Notando che, per $j = 1$, $x_{i1} = 1$ per ogni i e che $x_{ij} = 1$ se $i = j$ e 0 altrimenti, $i \in \{2, \ldots I\}$ e $j \in \{2, \ldots, I\}$, il sistema (3.13) si riduce a:

$$\sum_{i=1}^{I} w_i = \sum_{i=1}^{I} n_i \pi(\mathbf{x}_i)$$

e

$$w_i = n_i \pi(\mathbf{x}_i), \quad i \in \{2, \ldots, I\}$$

e il risultato segue.

(*b*) Se il modello contiene solo l'intercetta, per ogni i, $\hat{\pi}(\mathbf{x}_i)$ è una costante pari a $(\exp \hat{\alpha})/(1 + \exp \hat{\alpha})$. Il sistema (3.13) si riduce a $\hat{\pi}(\mathbf{x}_i) = (\sum_i w_i)/(\sum_i n_i)$, da cui il risultato.

3.5 Si noti che se $n_i = 1$, $w_i = y_i$, con $y_i \in \{0, 1\}$ e $y_i \log y_i = (1-y_i)\log(1-y_i) = 0$. In tal caso, dalla (3.8), l'espressione della devianza diventa:

$$G^2 = -2 \sum_j \hat{\beta}_j \sum_i x_{ij}\hat{\pi}(\mathbf{x}_i) - 2 \sum_i \log[1 - \hat{\pi}(\mathbf{x}_i)].$$

Il risultato segue dopo alcune sostituzioni, ricordando che dalla (3.12) nel punto di massima verosimiglianza $\sum_i x_{ij} y_i = \sum_i x_{ij} \hat{\pi}(\mathbf{x}_i)$.

3.6 Si ordinino in forma vettoriale le celle della tabella di contingenza ottenuta dalla classificazione di X_1 e X_2, in modo che X_1 ruota più rapidamente. Si crei il vettore dei logit associati ad ogni cella. Ovvero:

$$\boldsymbol{\eta} = \begin{pmatrix} \text{logit}[\pi(0,0)] \\ \text{logit}[\pi(1,0)] \\ \text{logit}[\pi(0,1)] \\ \text{logit}[\pi(1,1)] \end{pmatrix}.$$

Il modello saturo può pertanto essere riscritto:

$$\boldsymbol{\eta} = \mathbf{X}\boldsymbol{\beta}$$

cui $\boldsymbol{\beta}^T = (\alpha, \beta_1^X, \beta_2^X, \beta^{X_1 X_2})$ e:

$$\mathbf{X} = \begin{pmatrix} 1\,0\,0\,0 \\ 1\,1\,0\,0 \\ 1\,0\,1\,0 \\ 1\,1\,1\,1 \end{pmatrix}.$$

Capitolo 4

4.1 (a) Si noti che, essendo $\boldsymbol{\Sigma}_1 = \boldsymbol{\Sigma}_0 = \boldsymbol{\Sigma}$, ed essendo il trasposto di uno scalare uguale a se stesso, l'espressione (4.1) si semplifica nella seguente:

$$R(\mathbf{x}) = (\boldsymbol{\mu}_1 - \boldsymbol{\mu}_0)^T \boldsymbol{\Sigma}^{-1} \mathbf{x} - \frac{1}{2}(\boldsymbol{\mu}_1^T \boldsymbol{\Sigma}^{-1} \boldsymbol{\mu}_1 - \boldsymbol{\mu}_0^T \boldsymbol{\Sigma}^{-1} \boldsymbol{\mu}_0)$$

e notando che $\boldsymbol{\mu}_1^T \boldsymbol{\Sigma}^{-1} \boldsymbol{\mu}_1 - \boldsymbol{\mu}_0^T \boldsymbol{\Sigma}^{-1} \boldsymbol{\mu}_0 = (\boldsymbol{\mu}_1 - \boldsymbol{\mu}_0)^T \boldsymbol{\Sigma}^{-1}(\boldsymbol{\mu}_1 + \boldsymbol{\mu}_0)$, il risultato segue;

(b) dalle derivazioni precedenti si verifica che $R(\mathbf{X})$ è una combinazione lineare di variabili casuali con distribuzione normale ed ha pertanto una distribuzione normale. Essendo, sotto P_0, $E(\mathbf{X}) = \boldsymbol{\mu}_0$ e $var(\mathbf{X}) = \boldsymbol{\Sigma}$, dopo alcuni semplici passaggi si trova $E[R(\mathbf{x}) \mid P_0)] = -\frac{1}{2}\Delta^2$ e $Var[R(\mathbf{x}) \mid P_0] = \Delta^2$; analogamente $E[R(\mathbf{x}) \mid P_1)] = \frac{1}{2}\Delta^2$ e $Var[R(\mathbf{x}) \mid P_1] = \Delta^2$, e il risultato segue.

4.2 Nel caso di due gruppi, la matrice $\mathbf{B}$ può scriversi nel modo seguente:

$$\mathbf{B} = \frac{n_1 n_0}{n}(\bar{\mathbf{x}}_1 - \bar{\mathbf{x}}_0)(\bar{\mathbf{x}}_1 - \bar{\mathbf{x}}_0)^T$$

Infatti, essendo $\bar{\mathbf{x}} = (n_1\bar{\mathbf{x}}_1 + n_0\bar{\mathbf{x}}_0)/n$, allora

$$\bar{\mathbf{x}}_1 - \bar{\mathbf{x}} = \frac{n_0}{n}(\bar{\mathbf{x}}_1 - \bar{\mathbf{x}}_0)$$

e analogamente

$$\bar{\mathbf{x}}_0 - \bar{\mathbf{x}} = \frac{n_1}{n}(\bar{\mathbf{x}}_1 - \bar{\mathbf{x}}_0).$$

Sostituendo queste espressioni in (4.6) e notando che $n_1n_0/n = (n_1 + n_0)n_1n_0/n^2 = (n_0n_1^2 + n_0^2n_1)/n^2$, si ottiene l'analoga formulazione di $\mathbf{B}$. Si noti, ora, che la funzione ψ è proporzionale alla seguente:

$$\psi' = \frac{\lambda^T\mathbf{B}\lambda}{\lambda^T\mathbf{W}\lambda}$$

infatti $\psi' = \frac{n(n_0+n_1-2)}{n_1n_0}\psi$. Di conseguenza, il vettore λ che massimizza ψ coincide con quello che massimizza ψ'. Da un risultato proprio dell'algebra lineare (si veda Mardia Kent e Bibby, 1979, Appendice A), esso risulta essere l'autovettore associato al massimo autovalore di $\mathbf{W}^{-1}\mathbf{B}$.

4.3 Siano $\boldsymbol{\Sigma}$ e $\boldsymbol{\Sigma}^{-1}$ partizionate nel modo seguente:

$$\boldsymbol{\Sigma} = \begin{pmatrix} \boldsymbol{\Sigma}_{AA} & \boldsymbol{\Sigma}_{AB} \\ \boldsymbol{\Sigma}_{BA} & \boldsymbol{\Sigma}_{BB} \end{pmatrix}, \; \boldsymbol{\Sigma}^{-1} = \begin{pmatrix} \boldsymbol{\Sigma}^{AA} & \boldsymbol{\Sigma}^{AB} \\ \boldsymbol{\Sigma}^{BA} & \boldsymbol{\Sigma}^{BB} \end{pmatrix}. \tag{5.1}$$

Si noti che $\boldsymbol{\alpha}_B = \mathbf{0}$ implica che $\boldsymbol{\delta}_{B.A} = \boldsymbol{\delta}_B + (\boldsymbol{\Sigma}^{BB})^{-1}\boldsymbol{\Sigma}^{BA}\boldsymbol{\delta}_A = \mathbf{0}$. Inoltre, da un risultato di algebra lineare proprio della inversa di una matrice a blocchi (si veda Mardia Kent e Bibby, 1979, Appendice A), la grandezza Δ^2 può scomporsi nella seguente somma:

$$\Delta^2 = \boldsymbol{\delta}_A^T\boldsymbol{\Sigma}_{AA}^{-1}\boldsymbol{\delta}_A + \boldsymbol{\delta}_{B.A}^T\boldsymbol{\Sigma}^{BB}\boldsymbol{\delta}_{B.A}.$$

da cui il risultato.

4.4 Si osservi che

$$e^J = e^A + (n-1)(e^{A*} - \bar{e}_{-j}^A) = e^A + (n-1)\left[e^{A*} - \frac{1}{n(n-1)}\sum_i\sum_{j\neq i}e_{-i}(j)\right].$$

Notando che $\frac{1}{n(n-1)}\sum_i\sum_{j\neq i}e_{-i}(j) = \frac{1}{n(n-1)}\left\{\sum_i[\sum_j(e_{-i}(j) - e_{-i}(i)]\right\}$, usando la (4.8) e la (4.9), l'espressione diventa

$$e^J = e^A + (n-1)e^{A*} - ne^{A*} + e^L$$

e il risultato segue. La dimostrazione è dovuta a Hand (1997, cap. 7).

Appendice B

B.1 Le dimostrazioni seguono immediatamente dalla definizione di $\mathbf{P}$ e $\mathbf{M}$.

B.2 La dimostrazione discende dalla definizione di $\mathbf{M}$. Avremo infatti
$\mathbf{MX} = (\mathbf{I}_N - \mathbf{X}(\boldsymbol{X}^T\boldsymbol{X})^{-1}\mathbf{X}^T)\mathbf{X} = \mathbf{X} - \mathbf{X} = \mathbf{0}$.

B.3 La dimostrazione discende dalla definizione di $\hat{\boldsymbol{\varepsilon}}$. Infatti, $\hat{\boldsymbol{\varepsilon}} = (\mathbf{Y} - \mathbf{X}\hat{\boldsymbol{\beta}}) = \mathbf{Y} - \mathbf{X}(\boldsymbol{X}^T\boldsymbol{X})^{-1}\mathbf{X}^T\mathbf{Y} = \mathbf{MY}$. Ora, $\mathbf{MY} = \mathbf{M}(\mathbf{X}\boldsymbol{\beta} + \boldsymbol{\varepsilon}) = \mathbf{0} + \mathbf{M}\boldsymbol{\varepsilon}$.

B.4 La matrici idempotenti hanno rango pari alla traccia. La traccia della differenza di matrici è pari alla differenza delle traccie, ovvero traccia di $\mathrm{tr}(\mathbf{M}) = \mathrm{tr}(\mathbf{I}_N) - \mathrm{tr}(\mathbf{P}) = N - \mathrm{rango}(\mathbf{P})$. Dal fatto che $\mathbf{X}$ abbia rango pieno discende che $\mathrm{rango}(\mathbf{P}) = p$, da cui segue che $\mathrm{rango}(\mathbf{M}) = N - p$. Ovvero $\mathbf{M}$ non è una matrice invertibile.

B.5 La dimostrazione discende dall'esercizio B.3. Infatti:

$$E[\hat{\boldsymbol{\varepsilon}}^T\hat{\boldsymbol{\varepsilon}}] = E[\mathrm{tr}(\hat{\boldsymbol{\varepsilon}}^T\hat{\boldsymbol{\varepsilon}})] \ \ (\text{essendo }\ \hat{\boldsymbol{\varepsilon}}^T\hat{\boldsymbol{\varepsilon}} \text{ uno scalare})$$

$$= E[\mathrm{tr}(\boldsymbol{\varepsilon}^T\mathbf{M}^T\mathbf{M}\boldsymbol{\varepsilon})] = E[\mathrm{tr}(\boldsymbol{\varepsilon}^T\mathbf{M}\mathbf{M}\boldsymbol{\varepsilon})] \ \ (\text{dalla simmetria})$$

$$= E[\mathrm{tr}(\boldsymbol{\varepsilon}^T\mathbf{M}\boldsymbol{\varepsilon})] \ \ (\text{dalla idempotenza})$$

$$= \mathrm{tr}E[\mathbf{M}\boldsymbol{\varepsilon}\boldsymbol{\varepsilon}^T] = (N - p)\sigma^2$$

dal momento che in una matrice idempotente la traccia è uguale al rango. Da questo segue che $E(\frac{SSE}{N-p}) = \sigma^2$, ovvero $\frac{SSE}{N-p}$ è uno stimatore corretto di σ^2.

B.6 Avremo:

$$\frac{\partial l}{\partial \beta} = -\frac{1}{2\sigma^2}\frac{\partial \sum_{i=1}^{N}(y_i - \boldsymbol{\beta}\mathbf{x}_i)^2}{\partial \beta} = -\frac{1}{2\sigma^2}\frac{\partial(\mathbf{y} - \mathbf{X}\boldsymbol{\beta})^T(\mathbf{y} - \mathbf{X}\boldsymbol{\beta})}{\partial \beta} =$$

$$= -\frac{1}{2\sigma^2}[-2\mathbf{X}^T\mathbf{y} + 2(\mathbf{X}^T\mathbf{X})\boldsymbol{\beta}]$$

e, anche,

$$\frac{\partial l}{\partial \sigma^2} = -\frac{N}{2\sigma^2} - \frac{1}{2\sigma^4}\sum_{i=1}^{N}(y_i - \mathbf{x}_i\boldsymbol{\beta})^2(-1)$$

da cui il risultato.

Bibliografia

[1] Agresti (2002). *Categorical Data Analysis*. 2nd Edition. New York: Wiley.

[2] Akaike H. (1973). Information theory as an extension of the maximum likelihood principle. In B.N. Petrov e Csaki F. (eds). *Second International Symposium on Information Theory*, 267–281. Budapest: Akademiai Kiado.

[3] Albareto G., Benvenuti M., Mocetti S., Pagnin M. e Rossi P. (2008). L'organizzazione dell'attività creditizia e l'utilizzo di tecniche di scoring nel sistema bancario italiano: risultati di un'indagine campionaria. Questioni di Economia e Finanza (Occasional papers), Banca d'Italia.

[4] Alberici A. (1975). Analisi dei bilanci e previsione delle insolvenze. Collana del Comitato Direttivo degli Agenti di Cambio della Borsa Valori di Milano, ISEDI, Settembre.

[5] Albright H. (1993). *Construction of a Polinomial Classifier for Consumer Loan Applications Using Genetic Algorithm*. Mimeo. Department of System Engineering. University of Virginia.

[6] Altman E. I. (1968). Financial ratios, Discriminant Analysis and the Prediction of Corporate Bankruptcy. *Journal of Finance*, 23, 589–609.

[7] Altman E. I. (2002). Revising Credit Scoring Models in a Based 2 Environment. In Ong M., Editor, *Credit Ratings, Methodologies, Rationale and Default Risks*, London Risk Books.

[8] Altman E. I., Marco G. e Varetto F. (1994). Corporate distress diagnosis: Comparisons using linear discriminant analysis and neural networks. *Journal of Banking & Finance*, 18, 505–529.

[9] Altman E. I. e Sabato, G. (2005). Effects of the New Basel Accord on Bank Capital Requirements for SMEs. *Journal of Financial Services Research*, 28, 15–42.

[10] Altman E.I. e Hotchkiss E. (2006). *Corporate Financial Distess and Bankruptcy*. Wiley Finance Series. New Jersey: Wiley & Sons.

[11] Anderson J.A. (1972). Separate sample logistic discrimination. *Biometrika*, 59, 19–35.

[12] Anderson T.W. (2003). *An Introduction to Multivariatye Statistical Analysis*. 3rd Edition. New York: Wiley.

[13] Arminger G., Enache, D. e Bonne T. (1997). Analyzing credit risk data: a comparison of logistic discrimination, classification trees and feed forward network. *Computational Statistics*, 13, 301–341.

[14] Avery R.B., Calem P.S. e Canner, G.B. (2004). Consumer credit scoring: Do situational circumstances matter?. *Journal of Banking & Finance*, 28, 835-856.

[15] Azzalini A. (2001). *Inferenza statistica. Una presentazione basata sul concetto di verosimiglianza*. Seconda Ed. Milano: Springer-Verlag Italia, II edizione.

[16] Azzalini A. e Scarpa B. (2004). *Analisi dei dati e data mining*. Milano: Springer-Verlag Italia.

[17] Baesens B., Van Gestel T., Viaene S., Stefanova M., Suykens J. e Vanthienen J. (2003). Benchmarking state-of-the-art classification algorithms. *Journal of the Operational Research Society*, 54, 627–635.

[18] Banasik J. e Crook J. (2007). Reject inference, augmentation and sample selection. *European Journal of Operational Research*, Vol. 183, No. 3, 1582–1594.

[19] Beaver W. (1967). Financial ratios predictors of failure. *Empirical Research in Accounting selected studies*, in *Journal of Accounting Research*, 4, 71–111.

[20] Berkson J. (1941). Application of the logistic function to bio-assay. *Journal of the American Statistical Association*, 39, 357–365.

[21] Bishop C.M. (2006). *Pattern Recognition and Machine Learning*. New York: Springer.

[22] Breiman L., Friedman J.H., Olshen R.A. e Stone, C.J. (1984). *Classification and Regression Trees*. Wadsworth International Group, Belmont, California.

[23] Burnham, K.P. e Anderson, D.R. (1998). *Model Selection and Inference: A Practical Information-Theoretic Approach*. New York: Springer.

[24] Burnham, K.P. e Anderson, D.R. (2004). Multimodel Inference. Understanding AIC and BIC in Model Selection. *Sociological Methods and Research*, 33, 261–304.

[25] Cappuccio N. e Orsi R. (2005). *Econometria*. Seconda Ed. Bologna: Il Mulino.

[26] Cherubini U., Luciano E. e Vecchiato W. (2004). *Copula models in Finance*. New York: Wiley.

[27] Christensen R. (1997). *Log-linear Models and Logistic Regression*. 2nd Edition. New York: Springer.

[28] Cifarelli D.M., Corielli F. Forestieri G. (1988). Business Failure Analysis, A Bayesian Approach with Italian Firm Data. *Studies in Banking and Finance*, 7–73.

[29] Cox D.R. (1970). *The Analysis of Binary Data*. London: Chapman and Hall.

[30] Cox D.R. (1972). Regression Models and Life-Tables. *Journal of the Royal Statistical Society*, 34, 2, 187–220.

[31] Cressie N. e Read T.R.C. (1989). Pearson χ^2 and the log-likelihood ratio statistic test G^2: a comparative review. *International Statistical Review*, 57, 19-43.

[32] Desai V.S., Conway D.G., Crook J.N. e Overstreet G.A. (1997). Credit scoring models in the credit union environment using neural networks and genetic algorithms. *IMA Journal of Mathematics Applied in Business and Industry*, 8, 323–346.

[33] Durand D. (1941). *Risk Elements in Consumer Instalment Financing*. New York: National Bureaux of Economic Research.

[34] Edwards D. (2000). *Introduction to Graphical Modelling*. 2nd Edition. New York: Springer.

[35] Efron B. e Tibshirani J. (1993). *An introduction to bootstrap*. Londra: Chapman and Hall.

[36] Estrella A. (2004). A New Measure of Fit for Equations with Dichotomous Dependente Variables. *Journal of Business & Economics Statistics*, 16, 198–205.

[37] Fisher R.A. (1936). The use of multiple measurements in taxonomic problems. *Annals of Eugenics*, 7, 179-188.

[38] Fisher R.A. (1938). The statistical utilization of multiple measurements. *Annals of Eugenics*, 8, 376–386.

[39] Fitzpatrick P. (1932). A comparison of ratios of successful industrial enterprises witho those of failed firms. *Certified Public Accountant*, 12, 598-605, 652-662, 721–731.

[40] Fogarty T.C. e Ireson N.S. (1993). Evolving Bayesian Classifier for credit control – a comparison with other machine learning methods. *IMA Journal of Mathematics Applied to Business and Industry*, 5, 63–75.

[41] García V., Mollineda R.A. e Sánchez J.S. (2008). On the k-NN performance in a challenging scenario of imbalance and overlapping. *Pattern Analysis and Application*, 11, 269–280.

[42] Gourieroux C. e Jasiak J. (2007). *The Econometrics of Individuali Risk. Credit, Insurance and Merketing.* Princeton: Princeton University Press.

[43] Grizzle J.E., Starmer C.F. e Koch G.G. (1969). Analysis of categorical data by linear models. *Biometrics*, 25, 489–504.

[44] Hand D.J. (1997).*Construction and Assessment of Classification Rules.* New York: Wiley. II edition.

[45] Hand D.J. (1998). Reject inference in credit operations. *Credit Risk Modelling: Design and Application.* In E.D. Mays (Ed.), Glenlake Publishing, 181–190.

[46] Hand D.J. (2001). Modelling Consumer Credit Risk. *IMA Journal of Management Mathematics*, 12, pp. 139–155.

[47] Hand D.J. (2005). Good practice in retail scorecard assessment. *Journal of the Operational Research Study*, 56, 1109–1117.

[48] Hand D.J. (2006). Classifier Technology and the Illusion of Progress. *Statistical Science*, 21, 1–14.

[49] Hanley J.A. e McNeil (1982). The meaning and Use of the Area under a Receiver Operating Characteristic (ROC) Curve. *Radiology*, 143, 29–36.

[50] Henley W.E e Hand D.J. (1996). A k-nearest-neighbour classifier for assessing consumer credit risk. *The Statistician*, 45, 77–95.

[51] Holland, J.H. (1975). *Adaptation in Artificial and Natural Systems.* Ann Arbor: The University Press.

[52] Hastie T., Tibshirani R. e Friedman J. (2001). *The Elements of Statistical Learning. Data Mining, Inference, and Prediction.* Springer-Verlag.

[53] Hosmer D.W. e Lemeshow S. (2000). *Applied Logistic Regression.* New York: Wiley.

[54] Hox, J. (2002). *Multilevel analysis. Techniques and Applications.* Amsterdam: Lawrence Erlbaum Associates.

[55] Huberty C.J. (1994). *Applied Discriminant Analysis.* New York: Wiley.

[56] Jarrow R.A. e Turnbull S.M. (2000). The intersection of market and credit risks. *Journal of Banking & Finance*, 24, 271–299.

[57] King, G. e Zeng L. (2001). Logistic Regression in Rare Events Data. *Political Analysis*, 9, 137-163.

[58] Krzanowski W.J. e Marriot F.H.C. (1995). *Multivariate Analysis*. London: Arnold.

[59] Lachenbruch P.A. (1975) *Discriminant Analysis*. New York: Hafner Press.

[60] Lachenbruch P.A., Sneeringer C.A. e Revo L.T. (1973). Robustness of the linear and quadratic function to certain types of non-normality. *Communications in Statistics*, 1, 39–56.

[61] Lauritzen S.L. (1996). *Graphical Models*. Oxford: Clarendon Press.

[62] Mardia K.V., Kent J.T. e Bibby J.M. (1979). *Multivariate analysis*. London: Academic Press.

[63] Martin D. (1977), Early Warning of Bank Failure, *Journal of Banking & Finance*, 1, 249–267.

[64] Mays E. (2004). *Credit Scoring for Risk Managers. The Handbook for Lenders*. Mason: Thomson South Western.

[65] McCullagh P.M. e Nelder J.A. (1989). *Generalized Linear Models*. 2nd Edition. London: Chapman and Hall.

[66] McLachlan G.J. (1992). *Discriminant Analysis and Statistical Pattern Recognition*. New York: Wiley.

[67] Myers J.H. e Forgy E.W. (1963). The development of numerical credit evaluation systems. *Journal of the American Statistical Association*, 58, 799–806.

[68] Nadotti L.L.M. (2002). *Rischio di credito e rating interno*. Milano: Egea.

[69] Ohlson J. (1980). Financial ratios and the probabilistic prediction of bankruptcy. *Journal of Accounting Research*, 18, 109–131.

[70] Prentice R.L. e Pyke R. (1979). Logistic desease incidence models and case-control studies. *Biometrika*, 66, 403-411.

[71] Rao, C.R. (1973). *Linear Statistical Inference and Its Applications*. II Edizione. New York: Wiley.

[72] Rosenberg e Gleit (1994). Quantitative methods in credit menegement: a survey. *Operations research*, 42, 4, 589–612.

[73] Rozbach K. (2003). Bank lending policy, Credit Scoring and Survival of Loans. Working Paper Num. 154. Sveriges Riskbank.

[74] Sabato G. (2009). Credit Risck Scoring Models. In Rama Cont (Ed.), *Encyclopedia of Quantitative Finance, Wiley and Sons*. In corso di stampa.

[75] Sewart P. e Whittaker, J. (1998). Graphical models in credit scoring. *IMA Journal of Mathematics Applied in Business and Industry*, 9, 241–266.

[76] Shumway T. (2001). Forecasting Bankruptcy More Accurately: A Simple Hazard Model. *Journal of Business*, 74, 101–124.

[77] Siddiqi N. (2006). *Credit Risk Scorecards. Developing and Implementing Intelligent Credit Scoring*. John Wiley & Sons: New Jersey.

[78] Skrondal A. e Rabe-Hesketh S. (2004). *Generalized latent Variable Modeling*. London: Chapmand & Hall.

[79] Stanghellini E. (2003). Monitoring the behaviour of credit card holders with graphical chain models. *Journal of Business, Finance & Accounting*, Vol. 30 (9–10), 1423–1435.

[80] Stanghellini E. (2004). Modelli grafici e sistemi esperti nel behavioural scoring, in *Il rischio di credito e le implicazioni di Basilea 2-Atti del convegno, Siena, 8 e 9 marzo 2002*, Giuffrè, 199–210.

[81] Stanghellini E., Hand D.J. e McConway K.J.(1999). A discrete variable chain graph for applicants for credit. *Journal of the Royal Statistical Society*, serie C, 48, Part 2, 239–251.

[82] Stanghellini E. (2006). On Statistical Issues raised by the New Capital Accord. *Statistica Applicata*, 18, 2, 389–405.

[83] Tanner M. (1996). *Tools for Statistical Inference: Methods for the Exploration of Posterior Distributions and Likelihood Functions*. Terza edizione. New York: Springer-Verlag.

[84] Therneau T.M. e Grambsh P.M. (2000). *Modeling Survival Data. Extending the Cox model*. New York: Springer-Verlag.

[85] Thomas L.C. (2000). A survey of Credit and Behavioural Scoring: Forecasting financial risk of lending to consumers. *International Journal of Forecasting*, 16, pp. 149–172.

[86] Thomas L.C., Edelman, D.B. e Crook, J.N. (2002). *Credit Scoring and Its Applications*. Philadelphia: SIAM.

[87] Watson, G. W. (1964). A note on maximum likelihood. *Sankhya*, 26, Series A, Pt. 2, 3, pp. 303-304.

[88] Wermuth N. e Cox D.R. (1998), On the application of conditional independence to ordinal data. *International Statistical Review*, 66, 181–199.

[89] West D. (2000). Neural networks credit scoring models. *Computers and Operations Research*, 27, 1131–1152.

[90] Whittaker J. (1990). *Graphical Models in Applied Multivariate Statistics*. New York: Wiley.

[91] Wigington J.C. (1980). A note on the comparisons of logit and discriminant models of consumer behaviour. *Journal of Financial Quantitative Analysis*, 15, 757–770.

[92] Zavgren C.V. (1985). Assessing the Vulnerability to Failure of American Industrial Firms: a logistic analysis. *Journal of Business Finance & Accounting*, 12, 19–45.

[93] Zheng B. e Agresti A. (2000). Summarizing the predictive power of a generalized linear model. *Statistics in Medicine*, 19, 1771–1781.

Indice analitico

Unitext – Collana di Statistica e Probabilità Applicata

a cura di

A. Azzalini
F. Battaglia
M. Cifarelli
P. Conti
K. Haagen
A.C. Monti
P Muliere
L. Piccinato
E. Ronchetti

Volumi pubblicati

C. Rossi, G. Serio
La metodologia statistica nelle applicazioni biomediche
1990, 354 pp, ISBN 3-540-52797-4

A. Azzalini
Inferenza statistica:
una presentazione basata sul concetto di verosimiglianza
2a edizione
1a ristampa 2004
2000, 382 pp, ISBN 88-470-0130-7

E. Bee Dagum
Analisi delle serie storiche:
modellistica, previsione e scomposizione
2002, 312 pp, ISBN 88-470-0146-3

B. Luderer, V. Nollau, K. Vetters
Formule matematiche per le scienze economiche
2003, 222 pp, ISBN 88-470-0224-9